江苏省社会科学基金项目（项目编号：19EYB015）
江苏省政策引导类计划（软科学研究）资助项目（BR2020019）

江苏海洋发展蓝皮书
（2019）

Jiangsu Blue Book on Ocean Development
(2019)

宁晓明　张宏远　吴价宝　编著

海洋出版社
2020年·北京

图书在版编目（CIP）数据

江苏海洋发展蓝皮书. 2019 / 宁晓明, 张宏远, 吴价宝编著. —北京：海洋出版社, 2020.9
ISBN 978-7-5210-0651-3

Ⅰ.①江… Ⅱ.①宁… ②张… ③吴… Ⅲ.①海洋战略－研究报告－江苏－2019 Ⅳ.①P74

中国版本图书馆CIP数据核字(2020)第175986号

责任编辑：苏　勤
责任印制：安　淼

海洋出版社 出版发行
http://www.oceanpress.com.cn
北京市海淀区大慧寺路8号　　邮编：100081
中煤（北京）印务有限公司印刷　　新华书店北京发行所经销
2020年9月第1版　　2020年9月第1次印刷
开本：889mm×1194mm　　1/16　　印张：15.5
字数：238千字　　定价：298.00元
发行部：010-62100090　　邮购部：010-62100072
总编室：010-62100034
海洋版图书印、装错误可随时退换

前　言

21世纪是海洋的世纪。开发利用海洋、加快海洋经济发展已成为解决人类所面临的资源短缺与生态环境恶化等重大问题的关键。21世纪初，美国、加拿大、澳大利亚、日本、英国等海洋资源丰富、海洋科技发达的国家均先后提出了本国的21世纪海洋开发战略，尽管海洋发展战略的具体内容不尽相同，但核心都是一个，即向海洋要资源、要发展。而海洋教育文化、生态旅游、服务管理等对于海洋现代化发展更是至关重要，良好的海洋教育文化能够加深海洋的文化底蕴，独特的海洋生态旅游有利于增加海洋的吸引力，优质的海洋服务管理则能够促进人与自然的和谐发展，因此管理好海洋，促进海洋经济发展，是一件功在当代，利在千秋的大事。

《江苏海洋发展蓝皮书（2019）》以海洋发展研究为主线，系统地介绍了江苏省海洋事业要想实现发展，在海洋教育文化、海洋生态旅游、海洋服务管理等方面要实现的突破，这为进一步推进江苏海洋事业的高效发展奠定了良好的基础。第一篇为海洋教育文化，主要描述了海洋教育文化对海洋发展的重要性，包括人才开发与教育优化对实现海洋可持续发展的必要性、海洋城市文化建设路径、海洋文化如何实现产业高质发展研究、海洋文化产业集聚发展模式探讨以及淮盐品牌文化研究等内容，这些是对海洋在教育文化发展上的透彻研究，有利于促进海洋教育文化的发展。第二篇为海洋生态旅游，旅游能够促进当地经济发展，给地区和人民带来经济收入，而海洋生态旅游作为一种特殊的与海洋相关的旅游活动，要在旅游中不断加强海洋保护意识，让海洋生态旅游能够长久维持下去。因此本篇主要针对江苏海上丝绸之路文化保护与旅游产业、江苏沿海传统渔村文化保护与旅游开发等进行了研究，同时也对江苏滨海旅游资源价值进行了评估，研究其可持续发展的潜力，另外也对江苏海洋旅游品牌建设及江苏特色小镇进行了深入探讨，旨在保护江苏海洋生态旅游的基础上，不断发展江苏海洋旅游产业。第三篇为海洋服务管理，服务对于任何行业或者企业都异常重要，而从海洋发展角度看，做好海洋服务管理对于促进海洋可持续发展极为有利，而海洋服务管理涵盖面较大，本篇首先从总体上对海洋服务管理进行了研究，包括研究江苏海洋公共服务供给体系建构、江苏"智慧海洋"工程体系构架及其建设等；而后从海洋艺术、法律法规等方面进行阐述，包括"一带一路"建设背景下江苏海洋艺术创作生态与对策、"一带一路"倡议与江苏企业走出去法律问题研究、"一带一路"建设背景下的海州湾海洋特别保护区地方性法规立法研究，这些海洋服务管理的对策和研究，都意在促进海洋管理水平提升、实现海洋高效发展。本书这三个篇章，作为实现江苏海洋发展的三大方面，理解好、运用好这三大方面，不仅有利于促进江苏海洋事业的发展，同时还为我国其他地区海洋事业的有效发展提供借鉴。

本书是集体智慧的结晶，宁晓明、张宏远、吴价宝、安俊丽、伏涤修、包家官、张元、杨海生、赵鸣、张兴龙、蔡阳、曾英、龙向真、颜金、陈之昶、冯大康、吴建国、李妍等同志承担了书中部分内容的研究和撰写工作；硕士研究生胡璇、陈妍汐、刘景山等也对本书的编撰贡献了自己的力量。同时，本书在编撰过程中得到了很多政府部门管理者和高校院所专家学者的支持，也得到了海洋出版社的帮助，在此向帮助本书编写的各位老师以及为本书的出版给予多方支持的所有人员表示衷心感谢。由于作者水平有限，书中难免存在不足，还请各位专家、学者批评指正，深表谢意。

本书是江苏省社会科学基金项目（19EYB015）；江苏省政策引导类计划（软科学研究）资助项目（BR2020019）；江苏高校哲学社会科学研究项目（2019SJA1562）的研究成果之一。

宁晓明
2020年1月于江苏海洋大学

目 录

第一篇 海洋教育文化

江苏海洋人才开发与教育优化研究 ………………………………………… 2
"一带一路"倡议背景下服务于江苏企业"走出去"的
　　语言教育体系构建 ……………………………………………………… 8
江苏海洋城市文化建设研究 …………………………………………………… 18
海洋文化自信视阈下连云港海洋文化产业高质量发展研究 ……………… 29
"一带一路"倡议下苏东地区海洋文化产业集聚发展模式研究 …………… 35
江苏淮盐品牌文化提升研究 …………………………………………………… 50

第二篇 海洋生态旅游

江苏海洋文化产业地域性平台的打造研究 …………………………………… 62
江苏沿海传统渔村文化保护与开发 …………………………………………… 96
江苏省滨海旅游资源价值评估与可持续发展研究 ………………………… 106
连云港海洋旅游品牌建设研究 ………………………………………………… 142
连云港市特色小镇培育与发展研究 …………………………………………… 153

第三篇 海洋服务管理

江苏海洋公共服务供给体系建构研究 ………………………………………… 164
江苏"智慧海洋"工程体系构架及其建设研究 ……………………………… 183
"一带一路"建设背景下江苏海洋艺术创作生态与对策研究 ……………… 199
"一带一路"倡议与江苏企业走出去法律问题研究 ………………………… 213
"一带一路"建设背景下的海州湾海洋特别保护区地方性立法研究 …… 224

参考文献 ………………………………………………………………………… 233

第一篇
海洋教育文化

江苏海洋人才开发与教育优化研究

一、江苏海洋人才开发与教育优化的必然性

(一) 加快海洋强省建设是贯彻国家建设海洋强国的必然要求

21世纪是海洋世纪。习近平总书记提出的"一带一路"倡议奠定了新时代我国陆海统筹、东西互济的全面开放新格局。他指出"坚持陆海统筹，加快建设海洋强国"，强调"海洋是高质量发展战略要地。要加快建设世界一流的海洋港口、完善的现代海洋产业体系、绿色可持续的海洋生态环境，为海洋强国建设作出贡献。"2017年全国海洋生产总值77 611亿元，比上年增长6.9%，海洋生产总值占国内生产总值的9.4%；海洋科技创新取得巨大进步，我国科技创新指数位列美国、德国、日本、法国、挪威之后，全球排名第六，海洋经济正在向高质量发展不断迈进。2017年长江三角洲地区海洋生产总值22 952亿元，占全国海洋生产总值的比重为29.6%。江苏是中国东部的海洋大省，海洋资源密度指数列全国第二，沿海地区处于"一带一路"和长江经济带建设两大国家新战略的交汇点。2009年江苏沿海地区发展上升为国家战略并付诸实施。习近平总书记视察江苏时指出："江苏处在丝绸之路经济带和21世纪海上丝绸之路的交汇点上，要主动参与'一带一路'建设，放大向东开放的优势，做好向西开放的文章，拓展对内对外开放新空间。"2014年财政部、国家海洋局在江苏实施海洋经济创新发展区域示范，2016年中共中央政治局会议通过的《长江经济带发展规划纲要》确立江苏成为打造东西双向、海陆统筹的对外开放新格局，促进长江经济带高质量发展的引领者。但是，纵观我国沿海全境开放格局，江苏海洋经济发展相对滞后。2017年全省海洋生产总值7217亿元，占地区

生产总值的比重仅为8.4%，与福建、上海、广东、山东、浙江等地区差距较大，海洋经济已然成为江苏发展短板。因此，江苏加快海洋经济强省建设，不仅是贯彻国家建设"海洋强国"和推进"一带一路"建设的必然要求，更是江苏拓展未来发展空间的新驱动力和新增长极。

（二）打造海洋高端人才高地是建设江苏海洋强省的必然要求

海洋经济是绿色发展的生态经济，加快科技创新是海洋经济发展的原生动力。根据内生经济增长理论，人力资本作用远远大于物资资本作用，人才是推动经济可持续增长的关键所在，这要求必须筑牢海洋科技创新的人才根基。国外海洋强国历来重视海洋人才培养，美国发布的《海洋国家的科学：海洋研究优先计划》和《海洋科学2015—2025发展调查》，系统部署海洋科技优先领域和重点任务，强调发挥高端海洋人才的创新先导作用；日本出台的《海洋与日本：21世纪海洋政策建议》和《海洋基本计划》，明确海洋科技人才培养路径，所有大学均设有水产学部、海洋学部等海洋研究机构。国内海洋强省山东实施蓝色发展战略，秉承"海洋人才强则海洋经济强"的核心理念，仅青岛就聚集了全国30%以上的海洋教学、科研机构，拥有全国50%的涉海科研人员、70%的涉海高级专家和19位院士、5000多名各类海洋专业技术人才，1个国家级、17个省级海洋类重点实验室，高端人才集聚效应显著。然而，江苏2015年海洋科技贡献率不到50%，产值贡献率较高的港口物流、海洋新能源、海洋生物、海洋装备制造等高端人才的发展也明显滞后于其他沿海地区。

（三）提升海洋科教综合实力是新时代拓展江苏科教资源的必然要求

中国经济发展进入新时代，积极发展教育文化事业，稳步发展高等教育，优化人才培养结构，是推动高质量发展的源动力。《全国海洋经济发展"十三五"规划》强调要加强多层次、跨行业、跨专业的海洋人才培养；《全国海洋人才发展中长期规划纲要（2010—2020年）》明确我国海洋人才发展总体水平达到主要海洋国家的中等发展水平，海洋人才资源总量翻一番，2020年达到400万人。江苏支持省内相关高等院校调整优化学科专业布局，加强涉海专业学科建设，积极组建江苏海洋大学，大力发展海洋高等教育，特别是随着新一轮沿海开发和海洋强省战略的实施，提升海洋基础学科教研能力和水平，加强海洋专业技术人才培养，构筑海洋科技人才高地显得日益迫切。在海洋人才培养方面，江苏高校现有的涉海专业设置多以海洋科学、水产养殖、港口与海岸工程、船舶与海洋工程等工程与技术类专业为主，而在江苏海洋产业中占有重要地位的海洋新能源、海洋生物医药、海洋油气、海水综合利用和海洋信息服务等海洋新兴领域相关的专业相对较少，基础理论和应用技术等方面研究极为薄弱，缺乏相关领域的高层次人才。现有海洋高等教育规模和学科专业布局无法满足江苏海洋相关产业发展、海洋强省建设对海洋科技高层次人才的需求，亟须完善学科专业设置，提升办学层次和水平。

二、制约江苏海洋人才开发与教育优化的主要因素

（一）涉海高校科研院所较为分散，集聚效应不凸显

江苏大部分涉海高校和科研机构位于沿江地区，如南京大学、河海大学等涉海高校，中国科学院南京地理与湖泊研究所、国家海洋局（江苏）海涂研究中心、江苏省海洋药物研究中心、江苏省海洋水产研究所等科研机构。沿海三市的连云港、南通、盐城地区高校虽然涉海专业较多，但是学校层次较低，禀赋的涉海资源相对较少。更为重要的是，江苏涉海高校和科研机构在空间分布上比较分散，智力集聚效应不强，难以形成规模优势。同时，很多海洋科研机构归属于不同部门，海洋科技资源整合度低，不能最大化地发挥管理效用。

（二）综合性海洋大学尚属空白，人才培养规模小

纵观国内海洋高等教育空间布局，沿海地区形成以中国海洋大学为龙头的海洋大学群，江苏作为临海教育大省，仅有一所海洋大学。此外，江苏涉海学科规模不强，学科设置不系统。在拥有涉海专业的高校中，涉海专业占总专业设置比例不到10%，与山东、浙江等地区的高校相比差距较大。目前江苏海洋大学正在推进"四

海战略",全面推进涉海相关学科和专业发展,整合校内外资源,成立海洋科学与技术、海洋工程与装备、海洋经济与文化、海洋资源与环境四大学科平台,并积极建设数十个涉海专业,但是放在全省的坐标上去衡量,还难以与海洋强省战略相适应,也很难通过自身内生性发展形成与中国海洋大学、上海海洋大学、浙江海洋大学等高校竞争的实力。

(三)沿海地区经济实力不强,财政支持力度弱

江苏沿海城市地处苏北,交通便利度不高,很难吸引优秀人才,且由于整体经济实力较弱,使得人才大量流向苏南及"长三角"其他城市,人才流失现象严重。值得关注的是,江苏沿海地区高校并没有在国内海洋领域形成影响力,海洋科技的研究实力也比较薄弱。2013年江苏海洋科研机构只有10个,研发人员1695人,少于广东(24个、3281人)、山东(21个、2954人);研发经费支出6.5亿元,低于广东(11.2亿元)、山东(19.2亿元)。此外,海洋开发研究是高投入、高风险行业,特别需要政府及相关部门的财政投入和大力扶持,欧美、日本和韩国等发达国家已经证明了这一点。广东海洋大学与地方共建海洋研究院,中国海洋大学与地方政府联合设立海洋发展基金,浙江财政支持创建海洋大学。反观江苏作为沿海经济大省,投入到海洋科技研究的经费明显偏少,特别是对海洋科学基础研究的投入更少,而且资金投入渠道单一,导致很多社会资本不能有效进入该领域。

三、江苏海洋人才开发与教育优化的对策建议

(一)打造江苏高端海洋人才积聚地,拓展人才引进及培养的深广度

进一步落实2017年江苏省政府《关于扩大对外开放积极利用外资若干政策的意见》,面向海内外引进海洋方面的战略科学家、首席科学家、科技企业家等高层次创新创业人才和团队,实施顶尖人才顶级支持计划,重点引进和培育海洋渔业、海工高端装备、海水淡化与综合利用、海洋药物和生物制品等领域核心技术团队和高端人才,打造全国海洋高端人才聚集高地。同时,大力发展海洋高等教育和职业教

育，提升海洋基础学科教研能力和水平，加强海洋专业技术人才培养；支持江苏省的科研机构加强海洋相关学科建设，利用海洋科技自主创新平台与高等院校联合培养高端海洋科技人才；推动省内相关高等院校调整优化学科专业布局，加强涉海专业学科建设，扩大江苏涉海高等院校规模。

（二）整合省内外海洋科研教育资源，提升江苏海洋人才培养高度

一是依托江苏沿江地区众多涉海科研、教育机构，加强海洋科教服务，建设海洋科研中心基地和孵化器，培育发展海洋高新技术产业。整合连云港、南通、盐城高校涉海科教资源，将服务江苏沿海开发和"一带一路"建设作为办学的根本立足点，构建开放合作办学新格局，增强江苏沿海涉海科教实力。打通苏北苏南之交通瓶颈，促进"沿江、沿海"海洋科技资源渗透融合、陆海统筹发展江苏海洋科研带。二是借鉴中国科技大学、浙江海洋大学创建模式，以江苏海洋大学为基础，利用政府"有形之手"，"扶起来、扶上去、扶到位"，提高财政支持力度，提升海洋教育、科研人才集聚精度，举全省之力创建全国一流的高水平海洋大学。三是重视海洋高等教育和学科建设投入，设立海洋教育基金，保障海洋高等教育持续稳定投入，使海洋高等教育真正成为科技研究基地，成为海洋现代管理、信息化管理基地，成为江苏海洋人才的培养基地和交流平台。

（三）坚持服务地方导向，注重涉海科教资源转化效率

一是涉海高校应坚持面向行业、面向区域、面向实践办学，探索出一条与海洋经济、区域经济社会发展紧密结合的办学之路，为我国东部地区特别是江苏沿海经济社会发展做出重要贡献。二是要进一步优化学科结构，推进学科交叉融合，促进新兴学科生长，着力构建特色明显、布局合理、协调发展的学科体系。瞄准21世纪海洋科技发展趋势，紧跟国家海洋强国建设和江苏省海洋事业发展需求，集中力量发展涉海特色优势学科，努力在海洋科学与技术、海洋资源与环境、海洋工程与装备、海洋经济与文化等领域形成一批有影响力的重点学科集群。三是要从整合涉海科教资源的角度，协调相关高校、科研院所在人才、设施等方面共建共享，整体提

升全省涉海科研水平，同时也进一步提升江苏海洋学科建设水平和科技研发能力。四是坚持"四个回归"是办学的立足点，学校将以开展本科教育为主，加快发展研究生教育，积极推进国际化办学，培养具有国际视野和海洋意识、具有较高人文素养和团结协作精神、具有较强创新精神和实践能力的应用型高级专门人才，要将海洋高校发展成为契合我国东部海洋经济圈、"一带一路"交汇点、长江三角洲地区、江苏海洋经济和临港产业需求的海洋人才培养基地、海洋科技研发平台、海洋高新技术孵化园区和海洋人文社科研究中心。

"一带一路"倡议背景下服务于江苏企业"走出去"的语言教育体系构建

一、引言

随着"一带一路"建设的推进，得到了沿线国家的积极响应。据2017年10月12日最新统计数据显示，现已有65个国家和地区加入了"一带一路"倡议，多个国家已经进入实际实施阶段，金融合作、贸易合作和基础建设合作已经全面展开，其中国家贸易合作紧密程度排名前5位的国家分别为俄罗斯、巴基斯坦、哈萨克斯坦、泰国和越南。随着中国经济的崛起，中国企业与"一带一路"沿线国家的经济关系更加密切，江苏省积极参与"一带一路"建设，近3年共协议投资逾30亿美元，投资覆盖54国。在"一带一路"建设深入实施的过程中，人才是目前急需解决的问题，人才培养结构单一、国际化水平较低、与沿线国家的人才交流互动不足等是主要问题。"一带一路"沿线国家语言种类丰富，语言人才需求迫切。在对我国境外直接投资风险评估中，与语言紧密相关的文化风险覆盖率高达71.3%，企业在"走出去"的过程中，跨国并购往往面临语言文化的障碍，左右企业兼并是否能够最终成功。语言在推进"一带一路"互联互通、文明发展和社会进步中的作用日益凸显，"一带一路"沿线各国语言融通已经直接关乎战略发展，我国作为"一带一路"倡议的发起国，解决语言沟通问题的愿望愈加迫切。

二、江苏企业"走出去"语言教育体系发展现状

（一）基本情况

为了推进"一带一路"倡议的实施，促进沿线国家的语言融通，所需要的语言人才是多方面、多层次的。具体表现：一是中资企业在"一带一路"沿线国家的工厂或者贸易机构，解决了当地的就业问题，以就业为导向的属地国的汉语普及性人才最为紧缺；二是在中方作为投资方的管理人员中，熟悉属地国语言的人才供给严重不足，人才培养的周期无法满足战略推进的需求，人才培养的针对性不强，特别是复合型人才较匮乏。中国企业遭遇到的语言障碍与"语言"知识储备、能力密切相关。

与此同时，调查发现来华留学生的学习动机不明。虽然中国政府、江苏省政府设立奖学金鼓励留学生来华留学，大力发展留学生教育，但是留学生赴华留学的学习目标不甚明确，学习动力不足，学习氛围不浓，学习习惯不好。培养结果与人才培养目标预期出现明显偏差。

（二）主要特点

1. 语言人才分布不均匀

虽然中国储备了大量的语言人才，但是绝大多数集中在英语方面，而小语种人才是企业本土化发展和从事客户服务工作必不可少的工作语言。目前世界上仍在使用的语言有6000多种，而进入我国教育部本科专业目录的外语语种目前还不到70种。"一带一路"所覆盖的中亚、南亚、西亚等地区，涉及官方语言达40余种，而目前内地教授的语种仅20种，可见"一带一路"沿线各国所需的小语种人才匮乏。现在人才储备不仅语种不多，而且语种结构也不合理。从"一带一路"建设的需要看，更是难以满足未来之用。随着中国企业与"一带一路"沿线国家的经济关系日益密切，对通晓沿线各国语言的人才需求量日趋上升，但是目前小语种人才很难满足需求。

2. 语言人才技能单一

多语言人才和复合型语言人才严重缺乏。基于"一带一路"建设向纵深发展和全面建设开放型经济体系的需要，市场越来越需要具有多语言文化背景，懂得国际经济、政治，具有全球化文化视野、跨国经营能力和国际市场驾驭能力的高层次复合型人才，兼具语言能力和综合专业知识的复合型人才十分短缺。

3. 汉语输出影响力有待提高

虽然孔子学院的国外发展、校际合作取得了长足发展，汉语志愿者和国内接收留学生数目不断增加，但是，汉语输出针对发达国家较多，主要集中在美国、日本、韩国、俄罗斯等国家，"一带一路"沿线国家布点较少，合作不够深入。目前，孔子学院传播汉语和汉文化方面的潜力还有待进一步挖掘，对当代中国推介的内容还需进一步调整。根据有关国家教育系统的统计和本课题对留学生的调查，近80%的来华留学生的第一外语是英语，汉语在"一带一路"沿线国家只能作为辅助外语学习，汉语学习者的广度和深度还远远不及英语学习者。除了少数国家，汉语学习大多集中在高等教育阶段，就学习效果来看，学生已经错过了学习语言的黄金时段。就现有汉语输出情况来看，普及型汉语人才培养仍需进一步提高。

（三）原因分析

1. 国家语言规划顶层设计落后于"一带一路"建设的时代需求

"一带一路"倡议已经得到全世界范围内65个国家和地区的积极响应，中国海外投资已经超过吸纳海外投资的额度，因此中国企业走出去已经是大势所趋。经济迅速发展对语言人才提出了迫切的需求，这个需求在不同区域、不同行业领域和不同层面表现得各有差异。这就需要国家有关部门主导，通过调整专业布局、增加语种数量、调整语种结构，改善人才培养模式，尽快统筹制定服务于"一带一路"建设的语言建设规划，以便协调有关工作，全面推进语言服务能力建设，以有效应对各种语言需求，为国家"一带一路"倡议的实施提供切实有效的语言保障。目前国家针对留学生教育出台了《推进共建"一带一路"教育行动》系列相关政策，宏观规划多，其针对性和操作性还需进一步提高和细化。

2. 高等院校人才培养模式单一、师资和教材建设不能满足需求

随着"一带一路"倡议的推进，来华留学生的学习需求日渐明晰。据调查表明，66%的留学生学习汉语是"打算进入中国企业"，或者"从事与中国企业相关"的工作。62.8%的学生选择的专业是经济类或者工科类，而在与中国企业投资密切相关的技术类工作中，只有17.3%的学生对中国语言或者历史文化等感兴趣。简言之，留学生学习汉语是以工具性动机为主。目前留学教育模式对语言人才培养力不从心，基本依靠目前大学的外国语各专业对中国学生的培养和对外汉语专业对留学生的培养，这样基本只能培养单一技能的语言人才。虽然外国语言专业也对学生提出了学习第二外语的要求，但是囿于学时和学习方法的限制，最终也基本是单一语种的语言人才。单纯依靠高校增设汉语教学课型，周期长、见效慢，并且以语言文化传播为目的的语言教学并不能满足企业走出去的要求。总之，我国语言教育急需解决人才素质单一、语言运用能力薄弱等问题。因此，基于"一带一路"建设行业领域的整体布局来推进人才培养模式改革，大力发展"外语+专业"的复合型语言人才培养模式。

据调查，随着"一带一路"倡议的实施，到中国留学的学生数骤增，但是从事汉语教学的教师队伍建设显然落后于这一需求。部分新开展留学生教育的院校其兼职教师高达90%以上，所以语言教师队伍良莠不齐，教学能力不足等问题已经凸显；通晓小语种和了解生源国民族文化的教师少之又少，有过相关学习和生活经历的教师仅有26.3%，不利于教学和学生的沟通。此外，制约专业设计和课程开设的因素还有双师型教师较为紧缺，教师多是单一的语言教授者，其实践工作能力较弱，语言教师队伍建设已经势在必行。双语教材和专业汉语教材开发发展空间比较大。现有教材多是"汉-英"对照版等大语种版的，小语种对照版少见，这样英语等外语能力较弱的学习者，初级学习起步难，进步慢；同样，这些教材也不利于在"一带一路"沿线国家推广，因此"汉语-小语种"对照版课本开发还有很大空

间。现有教材内容多是"日常会话+文化介绍",涉及经济、机械、计算机等专业词汇和表达的汉语教材开发还远远不足,编写经验积累底蕴不深。

3. 企业提出的语言人才需求不明确,且人才培养参与力度不够

目前在语言人才培养的过程中,基本是高等院校的独奏曲,"985""211"等排名靠前的高校的语言人才培养过程中有国外留学的机会,但更多的语言人才是在中国教师和外教的联合课堂教学下催生出来的。在所调查的企业中,100%的企业不熟悉教育工作,在培养方案制定方面发挥的作用有限,对语言人才培养的具体需求不明确,对教学规律不了解;85%的企业出于"生产安全"和"工作效率"等因素的考虑,在人才培养过程中对"实践教学环节"参与热情不高。这样,仅靠高校的模拟训练则极大地制约了语言人才培养模式转型的速度和效果。今后应努力探索校企合作制订培养方案、共同育人的新模式,企业双师队伍建设和实践教学环节将发挥重要作用。

4. 对留学生的学习现状和学习需求关注较少

2013—2015年全球及"一带一路"沿线国家来华留学生数量持续上涨,沿线国家的留学生占全球来华留学生比例的40%~45%,增长率最高达到20%左右。其中学历生比例高达90%以上。"一带一路"倡议下,沿线国家的汉语学习热情空前高涨。现在的研究成果多是从国家策略层面或者社会发展层面探究语言需求,但是鲜有从企业层面和学习者层面所做的语言需求调研,而需求调研是确定语言教学规划的前提。如果学生的动机不明,或者掌握不清,就会造成无的放矢,课程设计和教学模式设计都会有所偏差。随着沿线国家来华的学历生增多,在中国既有学习汉语作为工具的需求,又有学习专业知识作为就业或深造服务的需求,有必要提出提高学习效率和针对性的教学方案。

据调查,学生学习汉语选择学习目的地和高校时,"大城市、经济发达城市""中国企业总部所在地"以及"环境优美"等因素成为吸引生源的优势,75.6%的被调查者认为学好汉语对就业"有很大帮助"或者"有一定帮助";64%的

被调查者认为今后会从事"本专业工作"或"就职于中国企业",学习专业较为热门的有经济学、计算机科学、电子工程和机械工程专业等;还有26.77%的被调查者打算从事汉语翻译工作。基于以上调查结论,出于留学生的学习需求,目前的纯语言教学已经远远不能满足留学生的需求,现有教材的教学内容也不适应学生的成长需要。在调查中也发现,对于"一带一路"沿线欠发达国家的留学生来说,出国留学费用是一笔不小的支出,因此如何提高学习效率,如何降低留学成本是我们提供语言教育方案必须思考的内容。

三、江苏企业"走出去"语言教育体系发展思路

(一)构建降低成本的语言融通策略

发挥孔子学院作用,在属地国开展汉语教学和汉文化传播,开展就近培训和特色培训、拓展中外之间校校合作的空间,通过汉语教学进属地国基础教育规划等方式来降低培养语言人才的成本。

(二)构建提速增效的语言融通策略

比如,搭建"语言+专业"复合型语言人才培养模式;构建复合型语言人才培养的师资队伍培养机制;构建复合型语言人才培养的专业汉语教材开发机制等。

(三)构建促进中资企业本土化的语言融通策略

比如,根据地域特点开设小语种外语教学;根据企业需求开设多语种外语学习;根据企业需求通用外语和小语种结合教学;开设属地国小语种+属地国文化结合教学。

(四)探索新型的语言融通政策实施路径

新型的语言融通政策实施需要各层面的共同努力方能最终实现,诸如国家做好语言政策规划;加强国际合作;高校发挥人才培养优势;企业发挥实践育人功能等。

四、江苏企业"走出去"语言教育体系发展对策

(一)在降低企业成本方面,人才培养要当地化,培养目标要明确化

1. 继续发挥孔子学院的汉语普及推广作用,实现初级语言人才培养当地化

中资企业在境外发展,更愿意聘用懂汉语的当地员工,随着中国海外投资的扩大,受就业驱动的汉语热随之而来。目前,孔子学院在"一带一路"沿线国家起到了良好的示范效果,承担起培养汉语普及型人才的任务,初级汉语学习基本都出自孔子学院,中资企业大部分的属地国员工是由孔子学院培养的汉语人才。但是目前"一带一路"沿线国家的孔子学院数目比较少,仍有较大发展空间。同时也必须清醒地认识到"一带一路"沿线国家很多都是欠发达地区,推进孔子学院在沿线国家的发展,师资力量如何保证是个难题,需要国家汉办和一系列相关部门相互配合的政策倾斜给予支持。

2. 降低企业人力成本,采取"通用语言+民族语言"多语种人才培养模式

在海外投资的中国企业多是多国跨国经营,中方管理人员和技术人员一般会在跨国企业任职。所以为了降低企业人力成本,有必要根据企业需求开设相近语种多语种外语教学模式,比如"哈萨克语和吉尔吉斯语、土库曼语"等多个相近语种同时学习,降低学习难度,提高学习效率;也可以开设通用外语和小语种结合教学,比如俄语+吉尔吉斯语,英语+泰语,等等,既懂通用语言便于多国任职,也懂小语种便于融合和沟通。这样的人才培养模式也可以形成规模效应,缓解单一小语种人才就业压力的问题。

3. 降低企业人力成本,加强"语言+专业"的复合型人才培养

在中资企业的访谈中,几乎所有企业的负责人都谈到了语言服务型人才的需求主要是有专业背景的语言人才。当然,所有的企业都有外语专业毕业的翻译,但是,这些翻译无一例外都在很短的时间内首先熟悉企业的商业往来等业务知识,

并且大多是以业务管理人员的身份而不是翻译的身份在工作。国内的专业复合型语言人才培养远远赶不上需求的脚步，因此改变单一能力和单一语种的人才培养模式是必经之路。通过跨学科专业培养，提升人才的综合素质和全面能力。高校要利用"主修专业（外语）+辅修专业（法律、金融、管理等）""语言+工科专业""必修课+选修课"等多种方式培养复合型语言人才。在培养形式上，还可以实行全日制培养与短期培训和在职学习并举兼顾。

（二）在促进中国企业本土化发展方面，语言和文化相通是融合的快捷键

1. 文化教育是语言教育的必要组成部分

为了企业能更好融入属地国文化氛围，建立本土化企业文化，工作中的工程技术人员、市场营销人员、交通运输人员、会计和律师等，他们或跨国工作，或在本国从事国际业务，需要过硬的专业知识和业务能力，同时需要掌握相关国家和地区的语言，懂得所在国家的文化、宗教信仰及风土人情。通过掌握一个民族的语言，来了解这个民族的风俗及习惯；通过掌握一个国家的语言，来透视这个国家的文化体系，掌握融入这个民族的快捷键。为了适应中国企业在国外发展，民族语言相通，需要促进中资企业本土化。

2. 民族语言相通在沟通客户方面发挥重要作用

企业运营过程中的客户服务等环节，如果实现民族语言沟通，必然事半功倍，实现真正的有效沟通。因此在语言教育体系构建过程中，根据地域特点开设小语种外语教学；开设属地国小语种+属地国文化结合教学。语言融通与文化交流之间的生动互动可以有效地促进民心相通。这是企业境外"本土化"发展的必经路径。例如，国立民族大学孔子学院前院长邓新在塔吉克斯坦工作8年，学会了俄语和塔吉克语，可以用塔吉克语流利地跟当地人进行交流，因此为中资企业和当地交流方面做出了突出的成绩，成为塔吉克斯坦的名人。

（三）在促进企业发展提速增效方面，校企联合提高语言人才培养的针对性和有效度

1. 切实落实校企协同培养，提升语言人才的培养质量

"一带一路"建设对语言人才具有多样化需求，传统的培养模式和专业格局难胜其任，因此必须加强合作、整合资源、创新培养模式及方式。高校是教育规划和教育政策的落实主体，在专业招生规模、人才培养模式设计、师资队伍建设、教材建设方面都需要高校各部门逐一落实到位。企业对于不断创新完善人才培养体系的需求，与高等院校在新时期下谋求新发展的诉求不谋而合，双方有着深层次合作的基础。因此，企业也应该积极参与到人才培养的全过程中，主动作为，从自身需求出发，在培养方案制定、教学内容改革、双师师资培养、实践教学环节发挥重要作用。

2. 校企合作实行"订单式"培养，提高复合型语言人才培养的针对性

为了缩短培养周期，提高培养的针对性，应该努力探索高校与相关企业合作，根据企业在沿线国家合作项目的实际需求，对学生进行"订单式"定向培养。在课程设置上，由"基础语言课+专业语言课"构成，在"专业语言课"部分针对不同岗位需求，配套不同的教学讲义，运用不同的教学方法，实现个性化培养。通过一系列举措，有利于降低"一带一路"沿线国家学生学习汉语的成本，也有利于提高学习效率和学习效果。

3. 校校合作，优势互补，共同提升多语种和多技能语言人才的培养质量

校校合作，有很多种模式。就"一带一路"建设形势来看，可借鉴国内成熟的合作模式进一步深入推广，即开展国内外高校间的校校合作，实现优势互补，取长补短，共同促进语言人才的培养质量。通过中外联合培养，提高人才对不同语言文化及社会环境的适应能力；走出去培养与请进来培养相结合，输出性培养与本地化培养相结合，以适应不同类型的语言人才的培养需要。在语言人才培养方面，国际高校之间的合作将有力推动汉语人才的普及和积累，可以通过教师互派、学生交

换、学分互认、2+2等教育模式提升语言人才的培养质量。

开展校际合作办学，对充分利用高校资源，提高教育质量，提高办学效益发挥很大作用。目前边疆省份发挥其民族语言优势和民族认同感优势，在培养"一带一路"沿线国家语言人才方面贡献突出，比如，新疆之于中亚，内蒙古之于蒙古国，云南之于泰国、缅甸等国，今后应该在这些地方的高校继续加大发展力度。随着"一带一路"沿线国家经济合作和社会交往的深入，复合型语言人才的需求会进一步加大，这就有必要发挥内地高校学科建设和专业建设的优势，运用全国高校培养模式和教学方法上积累的经验，举全国之力服务于"一带一路"沿线深度合作所需的复合型高精尖人才的培养。

（四）在促进双边民心相通方面，汉语进入基础教育或中学教育保证语言人才培养的可持续性

汉语人才的可持续增长以及汉语人才的语言能力可持续提升，都需借助中小学基础教育力量。中国的英语教育成功案例可资借鉴，英语教学进入基础教育，有利于英语人才的大面积增长，有利于英语能力的普遍提升，力争让汉语教学进入属地国的基础教育，增加汉语在属地国的普及性。在这个过程中，可分步骤逐渐实施，力争让汉语进入中学教育，成为类似于美国AP课程中的考试科目，成为大学升学所需考查的科目之一，依此有力推动汉语在"一带一路"沿线国家的影响力和普及度。

江苏海洋城市文化建设研究

一、借鉴外省市海洋城市文化建设的经验

无论是江苏北方的沿海省市还是江苏南方的沿海省市，普遍都是经济上的海洋强省（市），文化上有着鲜明的海洋特色。

1. 辽宁省

辽宁沿海经济带将辽宁省6个沿海城市连在一起，形成环渤海经济圈的重要一翼。据辽宁省有关部门的统计数据显示，2014年辽宁沿海六市生产总值的总和已占到全省的46.1%。辽宁的涉海产业可谓门类齐全，辽宁省已形成海洋渔业、海洋交通、海洋油气、海洋造船、海洋盐化工业、海洋旅游六大支柱产业。转身向海，为辽宁带来新兴产业和一座座现代都市，让2200多千米长的海岸线成为美丽的旅游带。辽宁沿海旅游资源丰富，初步营造了以中国著名旅游城市大连为中心的辽宁南部旅游区，以中国最大的边境城市丹东为中心的东部旅游区和以锦葫历史文化名城为中心的辽宁西部考古、滨海、山川3个中心旅游区，建设了以大连为中心，以丹东、葫芦岛市为两翼，贯通辽宁沿海各市的6个滨海旅游带。

从海洋城市文化建设来看，海洋文化是大连的城市灵魂，大连城市文化中处处体现着海洋文化的浸染。大连的海洋地质文化、海洋生态文化、海洋盐业文化、海洋港口文化、海洋科普文化、海洋民俗文化、海洋饮食文化、海洋军事文化、海洋体育文化、海洋演艺文化搞得丰富多彩、如火如荼。

2. 天津市

2006年，天津滨海新区被纳入国家发展战略，成为国家重点支持开发开放的

国家级新区。此后的10年是滨海新区实现跨越式发展的10年，经济规模翻了两番，2015年达9270亿元，占天津市经济总量的一半，超过绝大部分城市。滨海新区的重要依托便是海洋以及世界第四大港口——天津港。天津形成了"一核、两带、六区"的海洋经济总体发展格局：即强化天津滨海新区的核心地位，积极构建沿海蓝色产业发展带和海洋综合配套服务产业带，重点打造南港工业区、临港经济区、天津港主体港区、塘沽海洋高新技术产业开发区、滨海旅游区、中心渔港六大海洋产业聚集区，并将产业锁定在海水资源综合利用循环经济、海洋工程装备产业、海洋服务业、海洋生物医药产业四大新兴产业。

海洋经济是天津发展的优势和潜力所在，天津市正以建设创新型海洋强市为总目标，围绕提高海洋经济综合实力、加强海洋生态文明建设、提升海洋科技与人才支持水平、加强海洋文化与社会民生建设、完善海洋依法行政与治理等重点领域，实施一批重点工程，促进优势海洋产业加快发展，全面推动海洋强市建设。

天津的海洋文化主要包括闻名的制盐文化、悠久的海运文化、特有的海防文化、自具特色的海洋民俗文化。这些使得天津海洋文化具有自己的独特性与典型性，挖掘这些资源并与经济相结合，就形成了当前天津海洋文化产业发展的基本格局。

天津在海洋文化旅游方面，目标是以中新天津生态城为依托，深度挖掘和开发滨海旅游资源，打造滨海旅游产业集聚区，开发特色旅游项目，优化滨海旅游产品结构，加快塑造天津滨海旅游品牌，壮大产业整体规模，使天津市海洋旅游产业走在全国前列。

3. 山东省

2011年1月4日，国务院批复了《山东半岛蓝色经济区发展规划》，标志着山东半岛蓝色经济区建设正式上升为国家战略。在胶东半岛海洋旅游联动战略中，青岛、烟台、日照、潍坊各有定位。青岛是一个海洋科技城、海洋产业城，它的经济与海洋有着密不可分的联系，青岛已经成为山东省经济发展的龙头城市。青岛城市形象的焦点，主要定位为"海滨城市""啤酒之乡""帆船之都"。青岛既有海洋文化历史传统的发扬光大，又有中外海洋文化的交流融汇，还有海洋科技教育、海洋产业、海洋运输和海洋商贸经济的集结一体，人们的海洋观念、海洋意识相对来说比较强烈。青岛市已基本形成了两大文化区：一是以海滨为主的市区现代旅游文化区；二是以崂山为主的郊区古代旅游文化区。它们都具有突出的海洋文化特色。青岛人充分认识到并明确提出：建设文化青岛，应该把突出海洋文化特色、建设现代海洋文化名城作为青岛文化乃至整体发展的基本战略。

烟台注重打造海洋文化名片，锻造"蓝色文化"品牌，将城市形象定位为"山、海、城、岛"融为一体的发展模式。截至目前，烟台海洋主要产业产值已占到全市生产总值的45%以上，烟台正在走进大海步入"深蓝"。

4. 浙江省

浙江提出"以海引陆、以陆促海、海陆联动、协调发展"的发展思路，从优化海洋经济布局着手，着力打造"一核、两翼、三圈、九区、多岛"的新格局。其中"一核"即宁波-舟山港海域、海岛及其依托城市；"两翼"即以环杭州湾产业带以及其近岸海域为北翼，以温台沿海产业带及其近带海域为南翼；"三圈"即杭州、宁波、温州三大沿海都市圈，作为海洋经济转型升级的主依托；"九区"即九大产业集聚区；"多岛"即重点开发众多重要海岛。

海洋资源是宁波最大的优势资源之一，是实现宁波经济社会可持续发展的重要战略资源依托，也是宁波未来发展的重要战略空间所在。宁波人着力建设"海上宁波"，深入挖掘并充分利用宁波丰富多彩的海洋文化资源，积极发展以滨海文化旅游业、涉海出版发行业、涉海庆典会展业、涉海影视动漫业、涉海工艺品业等为主体的海洋文化产业，努力建设"海洋大市""文化大市"。宁波海洋文化突出表现为俊逸秀美的海洋民俗文化、源远流长的海洋宗教信仰文化、山明水秀的海洋景观文化、精美独特的海洋盐业文化、中外交融的海洋商贸文化以及富含海洋特色的渔业文化、港口文化、科教文化、体育文化等。

5. 福建省

福建以沿海城市群和港口群为主要依托，打造海峡蓝色产业带，把福州都市圈、厦漳泉都市圈建成提升海洋经济竞争力的两大核心区。重点建设福州、厦门两个一级滨海旅游城市集散中心和平潭国际旅游岛，培育一批大型知名旅游产业集团和产业联盟。福建积极发展海洋旅游与文化创意产业，突出海洋文化特色，彰显创意、生态、时尚等元素，重点开发滨海休闲度假、海岛观光、原生态湿地、海滨城市旅游、海洋文化体验等高端旅游产品。运用现代科技改造传统文化产业，培育海洋演艺创作、海瓷艺术等海洋文化创意产业，发展新型海洋文化旅游业态。

2016年11月，福州出台《对接国家战略建设海上福州工作方案》，提出努力打造"21世纪海上丝绸之路核心区海上合作战略支点城市"，加快智慧海洋建设，发展特色鲜明的湾区经济，迈出海洋强市建设新步伐。

2016年7月，厦门市出台《厦门市海洋经济发展"十三五"专项规划》，提出"十三五"期间，厦门要建设"三中心四区"——"三中心"即区域性国际航运物流中心、全国滨海休闲旅游度假中心、国家南方海洋研究中心；"四区"则指国家海洋高技术产业集聚区、闽台海洋产业对接先行区、21世纪海上丝绸之路门户城市海洋产业对接先行区、国家海洋生态文明建设先行区，基本形成区域协调、陆海统筹发展的格局。

2016年1月，泉州市出台《泉州市建设21世纪海上丝绸之路先行区行动方案》，提出建设泉州"海上丝绸之路"现代海洋城市。构建泉州滨海环湾城市新格局，抓紧配套完善环湾中心城市基础设施建设，采用PPP等融资方式，推进泉州市公共文化中心、一湾两江景观整治工程、崇武至石湖环湾滨海大道提升工程、崇武至秀涂海岸带资源环境保护与开发利用、中国海上丝绸之路博物馆、"海丝"国际文化交流展示中心、"海丝"国际会展中心、"海丝"国际会议中心、"海丝"国家艺术公园、"海丝"世博城、当代艺术馆等一批重点项目建设，加快提升泉州海洋城市新形象。

6. 广东省

2018年广东海洋生产总值达1.93万亿元，占全省生产总值的1/5，连续24年居全国首位，是当之无愧的海洋经济大省。广东提出"打造海洋强国建设主力省"的口号，他们提出，要立足"海"实际、做足"海"文章，以建设海洋强省为引领，以全面加快广东海洋经济综合试验区建设为抓手，努力将广东打造成为建设海洋强国的主力省。广东积极参与21世纪海上丝绸之路建设，认真编制广东省参与建设21世纪海上丝绸之路实施方案和经贸合作等专项工作方案。加快湛江、汕头海上丝绸之路合作战略支点建设。

广州市提出到2020年基本建成海洋经济发达、海洋生态环境友好、海洋科技领先、海洋管理体系完善的海洋强市。

深圳市提出海洋经济是全市未来产业的重要方面，要加快海洋产业发展，做大做强海洋经济，全面提升涉海发展能力。深圳市还提出，将全力打造为世界级的海洋中心城市，将建设海洋经济科学发展市作为城市发展的主攻方向。

湛江作为古代海上丝绸之路最早的始发港之一，积极参与21世纪海上丝绸之路建设，积极申报海上丝绸之路世界文化遗产。湛江市全力打造以"南方海谷"为主的科技平台，加快经济发展特别是海洋经济发展，努力推进21世纪海上丝绸之路的建设，推动城市的大发展。湛江旅游定位是，坚持全域旅游观念，打造中国南方冬休度假基地，使湛江成为北部湾旅游中心城市、南中国海洋度假休闲旅游中心和国际旅游半岛。

二、江苏海洋经济发展现状

（一）江苏是沿海大省

江苏位于我国沿海地区中部，东濒黄海，是我国沿海、沿江、沿陇海线生产力布局主轴线的交汇区域。南部毗邻我国最大的经济中心上海，是长江三角洲的重要组成部分；北部拥有新亚欧大陆桥东方桥头堡连云港，是陇海-兰新地区的重要出海门户；东与日本、韩国隔海相望。江苏沿海地区包括连云港、南通和盐城三市，陆域面积3.25万平方千米，海岸线长954千米，海堤外滩涂面积750万亩[①]，占

---

① 1亩≈666.67平方米。

全国滩涂面积的1/4以上。苏南虽不沿海，但和海的距离也不远，江苏整体都可以说是沿海省份。

交通部发布的《关于发布全国主要港口名录的公告》中，公布全国沿海主要港口（25个）：大连港、营口港、秦皇岛港、天津港、烟台港、青岛港、日照港、连云港港、上海港、南通港、苏州港、镇江港、南京港、宁波港、舟山港、温州港、福州港、厦门港、汕头港、深圳港、广州港、珠海港、湛江港、防城港港、海口港。在全国沿海25个主要港口中，江苏有5个，居全国最多。连云港港、南通港、苏州港、镇江港、南京港均是沿海主要港口。连云港港不仅是国家25个沿海主要港口之一，还是全国12个区域性中心港口和江苏重点打造的集装箱干线港之一，也是全国首批14个沿海开放城市之一、国务院批准的江苏沿海大开发战略的中心城市、国际性港口城市、新亚欧大陆桥东方桥头堡，是一座山、海、港、城相依相拥的城市。南通集"黄金海岸"与"黄金水道"优势于一身，拥有长江岸线226千米。

江苏沿海土地资源较为丰富，后备资源得天独厚。沿海滩涂面积约占全国的1/4，有近百万亩低效盐田，通过结构调整可用于其他产业发展。沿海潮流通畅，风速大，风力资源丰富。拥有亚洲最大的海岸滩涂湿地，具有调节气候、减缓风暴潮灾害和净化环境等功能。临海地带人口密度低，仅为全省平均水平的1/2，开发空间较大。海岸类型多样，自然景观独特，拥有国家级珍禽自然保护区和麋鹿自然保护区，多处可建深水海港。海洋生物资源种类多、数量大，吕泗渔场和海州湾渔场为全国重要渔场，海洋资源综合指数居全国第四位，是全国海洋资源富集区域之一。

（二）江苏海洋经济在全省经济中的占比过低

江苏沿海地区是全省乃至全国"十三五"发展最具空间和潜力的区域之一，2009年6月10日，国务院常务会议审议通过《江苏沿海地区发展规划》，江苏省沿海开发正式上升为国家战略。然而，江苏沿海经济发展在全省却较为落后，较之广东、山东、福建等省的沿海经济发展，也相对落后。据2009年公布的《江苏省沿海开发总体规划》：江苏沿海开发区域即连云港、盐城和南通三市，2005年人口1712.74万，面积2.84万平方千米，地区生产总值2596.82亿元，分别占全省的22.9%、27.7%和14.2%，人均地区生产总值15 167元，相当于全省平均水平的61.8%，生产总值、人均地区生产总值均低于全省平均水平。

其他几个东部省份发达的城市几乎都靠海，而江苏靠海的城市不发达，发达的城市不靠海。其他沿海省份都有临海的大城市，经济也比较依托海洋。江苏却不是，省内经济发达城市都不临海而是沿江（如南京、苏州、无锡、常州、徐州），沿海的城市经济很一般（南通既沿江又沿海，经济较好，连云港和盐城两个沿海城市经济较落后），沿海经济总体落后于沿江经济。感觉江苏空有沿海省份的名，却无沿海省份的实，漫长的海岸线好像多是滩涂，经济价值小，除了做自然保护区外，尚未得到大力度的开发。

我国共有11个主要沿海省市，9个省和2个直辖市，在除江苏省以外的8个沿海省份中，均有沿海城市位于各省GDP的前三位，而广东、福建GDP排位的前三名均为沿海城市。江苏沿海三市中，以2011年数据为例，占本省GDP比重最高的是南通，为8.31%，而连云港仅2.87%，在该指标排名第40位，江苏是唯一没有沿海城市超过本省GDP总量10%的省份。全国48个沿海城市2011年人均GDP均值为55 273元，江苏沿海仅有南通市刚刚达到平均水平，盐城、连云港则离平均水平差距较大，故从人均GDP来说江苏沿海城市在全国沿海城市中处于中下水平。

据2017年的《江苏省"十三五"沿海发展规划》：江苏沿海地区生产总值2015年达到1.25万亿元，占全省生产总值的比重为17.9%，比重依然过低。江苏2015年实现海洋生产总值6500亿元，占全省生产总值的比重为9.3%，2016年实现海洋生产总值近7000亿元，占全省生产总值的比重为9.2%，比重一直很低。广东2015年实现海洋生产总值1.52万亿元，连续20年领跑全国。山东2015年实现海洋生产总值约1.1万亿元，居全国第二位。山东省提出，到2020年全省海洋生产总值占全省地区生产总值的比重超过20%。上海市提出，到2020年上海全市海洋生产总值将占地区生产总值的30%左右，形成以海洋战略性新兴产业和现代海洋服务业为支撑的现代海洋产业体系。天津市提出，到2020年海洋生产总值占全市生产总值的比重达到35%。福建的目标是到2020年海洋生产总值力争突破万亿元。江苏提出到2020年全省海洋生产总值突破1万亿元大关，占全省生产总值超过13%，总量虽然增加，但是比重依然较低。

20世纪90年代，江苏提出建设"海上苏东"，沿海进入"四沿"（沿江、沿沪宁线、沿东陇海线、沿海）生产力布局，开发的层次与力度不断升级。然而，从实际情况看，江苏沿海地区经济发展量级不够，整体发展水平还不高，仍需进一步提升综合实力，增强整体竞争力和辐射带动能力。港产城联动发展水平有待提升，目前虽形成一定的港产城融合发展雏形，但海洋、滩涂、港口与产业、城市发展还不够协调。

三、江苏海洋城市文化建设力度欠缺

文化是人类精神和物质生活的总和，城市文化是城市精神和城市物质生活的总和。江苏有五大文化：吴文化、金陵文化、淮扬文化、楚汉文化、海洋文化，拥有13座国家历史文化名城。五大文化中每一种文化都与几个城市相关联。吴文化、金陵文化、淮扬文化、楚汉文化四大文化建设和研究力度都很大，四大文化相关联的城市文化建设也成绩斐然，只有江苏海洋文化的研究力度和影响小，江苏海洋城市文化建设的力度也相对较小。

南京城市文化建设主要是围绕金陵文化展开。南京着力打造"四大历史文化品牌"，即"六朝文化""明文化""民国文化"和"革命文化"。同时，充分挖掘历史文化名人资源，进一步发挥名人效应。如王羲之、王献之、刘勰、顾恺之、李白、刘禹锡、杜牧、韦庄、李煜、李璟、王安石、吴敬梓、袁枚、曹雪芹、孔尚任、徐悲鸿、傅抱石等。出版了大量金陵（南京）文化丛书。城市深厚的文化底蕴在多方面广泛而深刻地呈现。

江苏沿海城市发展，海滨风情不够浓郁，沿海城市海洋文化特征不鲜明，以至于江苏海洋文化在江苏文化中的地位不高。江苏省文化厅厅长徐耀新在《江苏及南京地域文化简述——在中美文化论坛上的演讲》（2012年9月8日）中认为：江苏的地域文化大致可以分为"四主区"。"四主区"主要包括楚汉文化、吴文化、金陵文化、淮扬文化。而海洋文化未被列入江苏地域文化的"四主区"。

四、推进江苏海洋城市文化建设发展对策

海洋文化是带有明显海洋特征的文化，它具有涉海性、开放性和包容性的特点。江苏具有打造海洋文化品牌的独特优势，包括丰富的海洋资源、悠久的海洋文明、厚重的文化积淀和鲜明的地域特色。推进江苏海洋城市文化建设，需大力抓好以下几个方面的工作。

（一）大力发展江苏海洋经济及海洋文化产业

海洋经济和海洋文化产业发展是海洋城市建设的基础，海洋经济目前已成为沿海区域经济新的增长点，江苏省应抓住机遇，积极发展海洋经济。2017年5月，江苏省委书记李强在苏北发展座谈会上提出"1+3"功能区的战略构想，这是推进江苏区域统筹协调发展的重大举措。"1"是指扬子江城市群；"3"分别指连盐通一线的沿海经济带，以宿迁、淮安为主，包括苏中部分地区的"三湖"生态经济区，以徐州为中心的淮海经济区。沿海地区是国家层面的重要战略区域，位于东陇海线的连云港市区是国家级重点开发区域，盐城和南通市区及沿海港区是省级重点开发区域，"1+3"功能区战略构想的"3"中之一是在连云港、盐城、南通的沿海区域，发展临港经济，建设沿海经济带。江苏作为海洋大省，要以"海洋强省"战略为目标，从陆域到海洋、沿海到远海、浅海到深海的视角，对海洋三次产业进行分类细化，加快构建现代海洋产业体系，对全面建成小康社会具有重要的现实意义。

（二）大力促进滨海旅游业发展

加快旅游资源整合和深度开发，完善旅游配套设施，形成独特的滨海旅游风

光带，把旅游业发展成为沿海地区的亮点和新的经济增长点。实现旅游业发展与海洋文化建设的双赢，使滨海旅游集观赏性、参与性、知识性于一体，以吸引更多的旅游者。深入挖掘海洋文化内涵，构筑海洋渔业旅游、海洋盐业旅游、海食文化旅游、海洋民俗风情旅游、海洋夜生活旅游、海洋体育竞技旅游、海洋文化观光等海洋文化旅游产品体系。

（三）注重打造沿海城市特色文化，实现文化凝聚力、文化影响力、文化生产力和文化服务力等方面的全面提升

将江苏海洋文化中的特色标志，融入江苏沿海城市建设之中，更体现在江苏沿海城市形象之中，使其既有海洋景观、滨海城市标志等标志性建筑，又有码头、港口、渔港等涉海设施，还有附着于城市高楼大厦、街头巷尾的具海洋文化特征的海洋艺术。要把江苏沿海山海文化、江海文化、海盐文化有机融合起来，使得江苏沿海文化成为包容性较强的文化融合体。南通、盐城、连云港作为中国东部沿海重要的海上丝绸之路起点城市、海港城市、盐业基地，使江苏沿海地区成为中华海洋文明起源地之一。连云港应突出"山、海"风光特色和历史文化资源，强化亚欧大陆桥东方桥头堡和海滨旅游城市的带动效应，大力发展文化观光和度假休闲旅游，成为我国东部休闲度假中心。应将连云港建设成为融旅游、文化、经贸、港口为一体的国际海洋文化名城。盐城因"盐"置县，因"盐"兴城，悠久的盐业史给盐城留下了丰富的海盐文化遗存，海盐文化是这座城市文明的根基和灵魂。海盐文化已成为盐城城市文化的记忆和符号。盐城应以国家级自然保护区为主体，依托东台湿地生态旅游等资源，综合开发沿海湿地、森林、盐文化和红色旅游，力争建成沿海国家生态旅游区和世界级的湿地生态旅游地。南通应依托"江海福地、休闲港湾"的城市形象定位，加快建设沿江、沿海旅游带，着力发展集江风海韵与文化底蕴于一体的特色旅游，把南通建设成为独具江海情韵与近代第一城旅游特色的旅游强市。江苏沿海三市还应通力合作，整合海洋文化资源，打造三市一体化的海洋旅游文化产业，提升江苏沿海文化产业在"一带一路"建设中的影响力。

江苏沿海地区应积极融入国家和江苏省发展战略中，充分发挥"一带一路"

建设、江苏沿江沿海开发多个国家战略叠加的优势。紧扣"交汇点"来落实国家战略，在经济、社会、文化建设上，拓展海洋经济带的空间，挺进陆上丝绸之路的纵深，着力拓展蓝色经济空间，深度开发海洋文化，壮大海洋经济，建设中国东部沿海"海洋经济强区"。

海洋文化自信视阈下连云港海洋文化产业高质量发展研究

党的十九大报告提出"坚持陆海统筹，加快建设海洋强国"，建设海洋强国已然成为中国特色社会主义事业的重要组成部分。海洋强国建设的实施离不开"五位一体"的总体布局，离不开海洋政治、海洋经济、海洋文化、海洋社会、海洋生态等各领域齐头并进，协调发展。在多元价值观并存的新时代，加快建设海洋强国必须着力提升中华民族的海洋文化自信。

一、海洋文化自信的内涵与意义

文化自信是指一个民族、一个国家以及一个政党对自身文化价值的充分肯定和积极践行，并对其文化的生命力持有的坚定信心。它是一个国家、一个民族发展中更基本、更深沉、更持久的力量。海洋文化作为人类文化的重要组成部分，是指人类在从事与海洋有关的长期实践中逐步形成的物质与精神成果的总和。作为文化自信的一个重要层面，海洋文化自信更多地体现为一个国家及其人民对自己国家海洋文化的自觉、自信与自强。这种文化自觉是对国家海洋文化内涵、价值的充分肯定与价值观的自觉认同；这种文化自信表现为对国家海洋文化发展前途和生命力上的坚定信念与信心；这种文化自强则是对本国海洋文化的传承与创新，对外来不同海洋文化的兼容并包与自觉抵制。

海洋文化自信的时代价值与实践意义主要体现为如下三个层面。

1. 海洋文化自信是建设海洋强国的精神动力

文化兴盛是国家、民族强盛的重要支撑。纵观世界各海洋强国，其建设发展无不以符合时代发展规律、符合历史潮流的价值观为指导。高度的海洋文化自信作为一种稳定持久的理性态度和精神价值诉求，是一种无形的力量，它为我国海洋资源开发能力提升、"21世纪海上丝绸之路"建设、海洋经济建设、海洋生态文明建设、海洋权益维护提供价值观基础。

2. 海洋文化自信是提升国家文化软实力的必然要求

文化软实力建设的精神基础是文化自信的实现。长期以来，西方海洋文化在全球海洋文化对话中显示出一定的单项性与优越性。对于中国而言，作为自《山海经》以来海洋文化便源远流长的海洋文化大国，需要不断发掘海洋文化价值，在"一带一路"建设机遇中坚持海洋文化自信，以利于进一步提升政治、外交中的海洋文化软实力。

3. 海洋文化自信是延续中国海洋文化生命活力的重要前提

作为具有五千年灿烂文化的世界文明大国，中国应主动担负海洋文化发展使命，担负促进海洋文化生命活力不断延续的神圣使命。而坚持海洋文化自信无疑有助于深入挖掘中国海洋文化优秀特质，传承中华优秀传统文化，不断弘扬中国海洋文化的时代价值，并在努力实现海洋历史文化资源创造性转化的过程中延续海洋文化生命活力。

二、海洋文化自信对海洋文化产业发展的要求

（一）提升海洋文化自信需要不断提升海洋文化资源开发能力

海洋文化自信与海洋文化自强相辅相成。文化自信国家方能自强，国家自强则文化更加自信。作为海洋资源重要方面的海洋文化资源存在总体开发不足，开发能力落后等现状。同时，重开发、轻保护，多守旧、少创新等惯性思维导致海洋文化资源开发利用科技含量较低等问题。利用现代科学技术手段不断提升海洋文化科技创新能力，实现海洋科技文化的创造性转化和创新性发展，成为海洋文化自信提升的必然要求。

同时，海洋文化自信视阈下提升海洋文化资源开发能力，还应注重统筹兼顾与协调开发。对于海洋渔民俗、海洋艺术及手工技艺、海洋历史遗存、海洋饮食文化等物质与非物质的海洋文化资源进行分类分层开发，促进共同发展。

（二）提升海洋文化自信需要不断提升海洋文化产业发展水平

海洋文化产业是海洋经济发展与海洋文化自信两个密不可分、相互促进的海洋建设层面的有机融合。海洋文化事业、海洋文化产业是海洋文化创造性转化和创新性发展的物质载体，要在提升海洋文化产业发展水平的同时对中华民族的海洋历史与海洋传统进行全方位的继承与发扬，对海洋文化遗产进行更加深入的挖掘与保护。

同时，将海洋文化产业作为海洋经济发展的重要增长点，应充分利用国际、国内资源，统筹线上、线下平台，使之与蓝色经济区、"21世纪海上丝绸之路"建设有机融合。

（三）提升海洋文化自信需要不断提升海洋文化生态建设成效

海洋文化生态建设是海洋文化自信的必然要求。对于海洋文化资源的开发利用同样应该坚持"金山银山不如绿水青山"，同样需要坚持海洋生态优先，促进海洋绿色发展，需要不断完善依法治海。

树立海洋文化安全观是海洋文化自信的另一必然要求。海洋文化自信需要在构建人类命运共同体这一理念的指引下积极构建"和平与发展"的海洋文化理念。

三、海洋文化自信视阈下连云港海洋文化产业高质量发展策略

（一）连云港海洋文化产业发展现状、挑战与机遇

1. 海洋文化历史底蕴厚重、资源丰富，但海洋文化资源开发利用效率不高、相对滞后

作为海洋文化浓郁的港口城市，几千年的沧海桑田，使得连云港与海洋有着

无法割舍的文化渊源。从具有两千多年历史的秦东门到全国首批沿海开放城市，从古代的海上丝绸之路起点到现代的新亚欧大陆桥东方桥头堡，从江苏沿海开发的龙头到国家东中西区域合作示范区，连云港市，自古以来就被誉为"东海第一胜境""淮海东来第一城"。神话传说中的"精卫填海"、历史事件中的"徐福东渡"、文化名著《西游记》《镜花缘》等都和连云港有着不可分割的关系。厚重的海洋文化历史底蕴所折射出的是丰富的海洋文化资源。连云港山海文化生态保护实验区是目前江苏省内唯一一个地市级文化生态保护实验区，国家级非遗"徐福传说"、省级非遗"连云港贝雕""海州渔民俗"等体现了地方海洋非物质文化遗产特色。作为新兴海滨旅游城市，海洋文创产品与旅游纪念品、海岛旅游观光、海产品生产加工、海滨浴场等涉及生产类、艺术类、体育类、民俗类海洋文化产业方方面面，并形成海洋旅游休闲文化产业、海洋渔文化等区域特色明显的集群化产业。

与之形成鲜明对比的是，连云港的海洋文化资源开发利用相对滞后，主要表现在三个方面：首先，区域海洋文化缺乏资源统筹与准确定位，与青岛、大连、舟山、三亚等城市相比，在海洋文化资源整体性、文脉性及辨识度上仍然存在一定差距，在现代海洋文化名城建设上相对落后；其次，海洋文化资源开发与利用同质化较为严重，支柱性产业较少；再次，过度依赖原生态海洋文化资源，缺乏系统而深入的现代海洋文化资源研究开发。总体而言，多是借助旅游让游客领略海洋风光、品尝海鲜美食，或出售样式简单、附加值不高、缺乏内涵的海洋文化纪念品，对于涉海渔俗文化、传统非遗手工制品体验、涉海艺术业等海洋文化产业资源开发较少，创新性不足、经济味较浓，难以满足游客日益增长的对美好生活的需要。

2. 海洋文化产业发展空间巨大、机遇良好，但又任务艰巨、任重道远

从机遇上看，连云港文化产业发展享"战略叠加"之天时、拥"带路交汇"之地利、具"后发先至"之人和。其一，在"一带一路"建设背景下，连云港享有江苏沿海开发、"长三角一体化"、国家东中西区域合作示范区建设、国家创新型城市试点四大国家战略机遇叠加。这些势必为连云港文化产业发展提供更好的机遇与条件支持。其二，作为"新丝绸之路经济带"与"21世纪海上丝绸之路"交汇点，

连云港拥有独一无二的区位优势，同时还有沿海开放和以港兴市的地缘、港口、物流优势，这些均有助于连云港创造海洋文化产业价值的同时带动地区产业全面发展。其三，2018年，连云港定下"高质发展、后发先至"的发展目标让全市上下认清形势、振奋精神、顽强拼搏、负重奋进。"后发先至"让大家认识过往海洋文化产业水平低、缺乏内涵与特色，海洋旅游文创产品粗犷、适应性差等问题与差距。"高质发展"则为海洋文化产业做优、做强、做美提供目标与思路。

从挑战上讲，连云港的海洋文化产业发展却又面临发展思维落后、品牌意识不强、产业融合不足、创新创意欠缺等诸多现实问题。第一，依山傍水、山海相拥的地域环境让连云港的城市文化难以展现出海洋文化原本该有的海纳百川、开拓进取的特质，相反却在长期偏居一隅的状态下透露出相对保守、小富即安的不和谐气质；第二，无论是众多的海洋类非物质文化遗产，还是其他众多的海洋自然文化资源、历史文化资源及目前已开发的海洋文化产业都未体现出明显的排他性与核心竞争力，未形成具有长久发展前景的国际、国内知名品牌；第三，海洋文化元素与一二三产业融合度较低，产业链与产业规模尚未形成，海洋文化产业市场化远远低于政府依赖度；第四，海洋文化旅游产品单一、落后集中反映了海洋文化产业创新创意不足与海洋类非遗"活态"保护与创新性传承不足。

（二）连云港海洋文化产业高质发展建议

海洋文化自信是海洋文化产业高质发展的前提，而连云港市"以港兴市、产业强市、城乡协调、创新驱动、绿色发展"的"高质发展，后发先至"五大战略，进一步明确了方向。

1. 以海兴市，培育符合沿海开放城市气质的海洋文化自信

在城市整体文化建设上面向海洋、面向世界、面向未来，统筹区域海洋文化资源，加强对外海洋文化交流，重视市内海洋文化宣传，着力打造特色鲜明的海洋文化名城。

着力培育市民海洋文化观与海洋文化自信，加快创建海洋文化特色鲜明的地方

高校，培养重视海洋文化、热爱海洋文化、传播海洋文化的人才队伍。

2. 产业强市，加快发展品牌特色明显的海洋文化产业

统筹海洋文化产业市场。规范海洋文化产业协调发展，打造完整的区域海洋文化产业链，探索产业集群化发展模式。

完善海洋产业就业体系。开展渔民就业创业教育培训，提高当地渔民参与海洋文化产业建设热情，鼓励其从事海洋文化产业就业或结合自身优势进行海洋文化产业相关领域创业。

3. 创新驱动，全面提升地方海洋文化产业竞争力

提高文化产业科技含量。文化与科技融合，文化与旅游融合，打造"互联网+非遗海洋文化产业""科技+海洋文化创意产业"，提高产品用户的体验感、新鲜感与获得感。

打造海洋文化产业品牌。开发海洋文化特色小镇、海洋特色民宿、海洋渔俗表演、海洋非遗项目体验、海洋文化纪念品订制等现代海洋文化产业。

4. 绿色发展，全力推进区域海洋生态文明建设

促进海洋生态良性循环。合理开发海洋文化资源，加强法治建设，坚持走可持续发展道路，走海洋生态保护与海洋经济发展双赢道路，注重海洋文化资源保护与延续。

加强海洋遗产保护力度。利用政府、民间双重力量，加强对文化遗存、人文景观的保护、修复，注重保留与宣传文化风情与历史风貌。

5. 协调共进，努力构筑海洋文化产业展示平台

搭建海洋文化展示平台。在连博会、连云港之夏、徐福文化节等展示平台的基础上，进一步构筑海洋文化传播平台，提升海洋文化品位，充分展示连云港海洋文化魅力。加强海洋文化区域合作。借"长三角一体化"建设之机及环黄海圈海洋文化区域特色，广泛加强资源信息共享、文化资源整合等方面的合作，增强竞争力，实现共赢。

"一带一路"倡议下苏东地区海洋文化产业集聚发展模式研究

党的十九大报告指出："要以'一带一路'建设为重点，坚持引进来和走出去并重，遵循共商共建共享原则，加强创新能力开放合作，形成陆海内外联动、东西双向互济的开放格局。"在"一带一路"倡议下，江苏省苏东沿海地区应贴近自身实际状况，结合其独特的沿海地理区位优势和山、海、城的文化资源优势，将新的内涵和活力注入素有"一带一路"东方桥头堡之称（连云港等）的苏东地区的传统文化产业中，大力发展其沿海区域的海洋文化产业，积极打造国际化海洋港口城市，保持经济的持续快速稳定和绿色健康发展，推进苏东沿海地区交汇点建设。苏东地区海洋文化产业的集聚发展一般在海洋文化带空间、内陆区域文化带空间、路桥沿线辐射带空间等展开。这需要充分发挥苏东区域海洋文化的社会功能，以沿海文化带为空间集聚基础，发展苏东沿海文化带状的区域联盟集聚模式。强化陆海区域海洋文化产业统筹互动，陆海勾连，以"点"带"面"，持续快速推进沿海地区"点—轴"式区域联盟集聚发展模式。亚欧大陆桥的东陇海沿线在新时代成为新的空间辐射带和经济增长极，在注重发挥路桥沿线的空间集聚效应的同时，也要尊重地域和区情差异，包容个性，发展阶梯式文化产业集聚模式。集聚模式质量与效率的最优化是一项社会系统工程，需要强化"协同"创新绿色发展理念，在优化海洋文化带空间、内陆区域文化带空间、路桥沿线辐射带空间良性协同互动的基础上，促进党委、政府、市场、社会、企业、高校、民众等多元主体协同合作，强化制度环境、教育人文环境和"产学研用"一体化建设及其协同治理，为促进"陆海内外联动、东西双向互济的开放格局"的形成提供重要保证。

一、发展苏东沿海文化带状的区域联盟集聚模式

苏东沿海地区最初的文化形态与海洋生态资源密不可分，受地理区位和资源短缺等要素约束，其海洋文化产业处于一种"根植性"生存形态，即海洋文化资源的空间分布格局使其产业集聚空间分布与海洋文化资源相重叠，多分布于沿海、岛屿等内含海洋文化资源的密集型区域空间。一般而言，"文化产业集群"发展模式是指"在集群产生和发展过程中所固有的内在联系和形成机制，以及相应的集群形成的方法、特征和路径等，在本质上是一种产业经济的组织形式。从文化生态学的角度来看，社会物质生产发展的基础性和连续性，决定着文化的发展轨迹也具有连续性和历史继承性。据此可以认为，海洋文化产业的发展及海洋文化产业集群的形成是一种生态演化和发展过程，可以从纵向的时间维度（形成机理）和横向的空间维度（空间结构/存在方式），以及时空相结合的维度（发展趋势）等方面对海洋文化产业集群的形成、发展和现状进行审视和考察"。

（一）挖掘发展海洋文化，为苏东沿海区域联盟集聚提供智力支持

苏东沿海区域具有优越的人文地理环境和丰富的海洋文化资源，挖掘、发展和弘扬"以滨海文化旅游、休闲渔业、海洋节庆、海洋主题公园、滨海娱乐业、海洋工艺品业"等为主体的海洋文化产业，将其转化为苏东地区经济社会发展和产业转型升级的促动剂和驱动力。海洋文化产业区域联盟集聚模式，通常是指"处在相邻区域有经济实力和发展环境的沿海城市的海洋文化产业集群，彼此自然和人文环境有一定的相似性，可对资源进行整合，以加强跨区域之间联合，发挥海洋文化产业这一区域文化特色的整体优势"。苏东地区应紧紧围绕特色海洋文化产业，以绿色发展理念为指导，注重产出效益，强化符合特色海洋文化产业定位的项目招引力度。

发展海洋文化产业有助于助推苏东地区社会经济发展，带动其他相关产业发展繁荣。如"海洋旅游文化产业发展可以促进和带动当地餐饮、宾馆、交通、手工艺品加工业、旅行社等产品及服务市场，海洋体育产业、休闲产业则会带来相关体

育产品制造市场的扩大和发展"。因此，苏东沿海地区应着力培育海洋文化产业品牌，推进海洋文化产业向现代化、集聚化转变。在苏东地区文化圈内，因海洋文化资源的相似性和关联性，可充分发挥区域内文化产业的聚合优化和辐射扩散效应，以南通、连云港、盐城（苏东地区）为中心，建设海洋文化产业核心集聚带，在此基础上，建设苏东沿海海洋文化服务核心产业带、外围集聚带和边缘集聚带。要注重挖掘和发展区域海洋文化，为苏东沿海地区的文化带状区域联盟集聚提供智力支持，促进海陆连通互动，畅通陆地文化产业和苏东地区海洋文化产业的产业链，统筹规划，做好海洋文化产业可持续发展的战略规划。

（二）海陆互动，畅通陆地文化和海洋文化的产业链

海洋文化产业具有海陆资源的复合性、交叉性和融合性等特点。从产业链特征看，海洋文化产业具有高投入、高风险、高回报等特征，属于技术密集型产业，但其独立性相对较弱，对陆地文化产业具有很强的依赖性，建设现代海洋文化产业新体系更需要借鉴陆地文化产业发展的经验。苏东沿海地区海洋文化产业兼具内陆与海洋、沿海与腹地等区域联动互融特征，各级政府要畅通、规范与市场、社会、企业、民众等多元主体之间的对话、协商渠道，保持信息公开透明，与各方主体协同合作，加速项目建设。加速海洋文化绿色项目培育、招引优质可持续发展项目，优化完善优质资源优先配置优质海洋文化企业机制，精准帮扶具有成长型、潜力型和科技型特质的特色海洋企业，促进海洋文化产业多元主体之间协调互动工作机制的形成、健全和完善。在此基础上，政府应有针对性地做好区域文化资源考察、调研工作，拨付专项专款，发动民间力量，挖掘、保护、修缮、研究和传承海洋文化遗产。此外，要加强苏东海域文化产业布局与陆域文化产业布局的畅通和衔接，改变以往海域和陆地各项文化产业布局各自相对封闭的断裂状态，加速推进陆地文化产业和海洋文化产业一体化进程，逐步构建具有苏东沿海特色的现代海洋文化产业新体系。

（三）统筹规划，做好海洋文化产业可持续发展战略规划

连云港是国家区域性中心港口和集装箱干线港，是江苏省唯一的海港城市，其

临港工业和海洋服务业互动并进的发展势头较好。要提前做好苏东沿海地区的海洋文化产业可持续发展战略规划，找准定位，抢抓机遇，参与"一带一路"建设的各项工作。

1. 统筹全局、科学规划，制定海洋文化产业发展战略

苏东沿海地区应坚持"生态优先、绿色发展"价值理念，融通海洋文化与海洋科技，以异质性的海洋文化资源作为产品生产加工的基质，既要保护、修复和宣传现存的海洋文化历史遗迹，又要以绿色发展理念为引领，在保护、开发基础上制定具有符合地域实际情况、可持续发展的海洋文化产业发展战略，实现海洋文化资源创新组合，"建立海洋科技与海洋文化的一种互生关系，即每一项可能应用于人类海洋发展的文化成果都归结为一种生产要素，而每一项可能应用于人类海洋发展的科学技术都归结为一种生产条件。一是推广一种新的海洋产品；二是采用一种新的海洋产品生产方法；三是开辟一个新的海洋市场；四是掠取或控制海洋原材料或海洋半制成品的一种新的供应来源；五是成立任何一种海洋工业的新的组织。这五种海洋创新模式依次对应产品创新、技术创新、市场创新、资源配置创新、组织创新。五种创新都是海洋科技创新和海洋文化创新的衍生性创新模式，是海洋科技与海洋文化深度融合的创造物。"

2. 严格海域资源的评估和审批制度

海域评估具有较强的专业性和技术性，要求评估人员具有海洋科技方面的知识，还具备相关经济、法律、管理等方面的知识。但部分评估人员海域评估技术掌握不足，导致海域评估报告质量存在差异，且部分海域使用论证资质单位存在仪器设备不达标、专业人员配置不全、论证项目合同签订不规范、论证项目档案资料不全、内部管理不严等问题，严重阻碍了对海域资源科学化进行市场优化配置的进程。要充分考虑苏东海域资源的自然区位、均质区域、使用类型，做好海洋文化资源用途管制和运营评价工作，构建科学的海域资源评估体系和审批制度，以国家《海域评估技术指引》为依据，宣传科学发展观、海洋生态观，成立专业的、具有市场经验的海域资源评估机构，让海域资源评估工作更具客观性、科学性和公正性，促进苏东海域资源的优化配置和海洋文化产业的可持续发展。

二、发展苏东沿海地区"点—轴"式区域联盟集聚模式

（一）优化苏东陆海区域联盟集聚模式

2009年，国务院常务会议审议通过《江苏沿海地区发展规划》，江苏省沿海开发（连云港、盐城、南通）正式上升为国家战略，这是继"海上苏东"计划"四沿"（沿江、沿沪宁线、沿东陇海线、沿海）生产力布局之后实施的区域空间发展战略。"江苏沿海不仅拥有连云港等一批深水岸线资源，而且拥有广袤的滩涂资源。连云港是我国陇海兰新沿线最便捷的出海通道，广袤的滩涂资源则是我国东部地区最具潜力、最有价值的土地后备资源。加快江苏沿海地区发展，不仅对提升江苏经济社会整体发展水平、缩小苏南苏北发展差距，具有举足轻重的作用，更重要的是对我国实施中部崛起和西部大开发战略，促进区域协调发展，具有积极和重要的作用。"不仅如此，苏东沿海地区处于海陆丝绸经济带交汇之处，这使得重大国家战略机遇在苏东沿海地区形成了一种叠加效应，苏东沿海地区应抓住发展机遇，聚力后发，坚持创新、协调、绿色、开放、共享五大发展理念，优化海洋文化产业经济发展的空间格局，促进苏东地区协调发展、协同发展、共同发展，依托海洋文化资源和"依山傍海"的区位优势，优化和发展具有高产品附加值特质的海洋文化产业，促进区域之间的开放、合作，构建海洋文化产业的空间规划体系，建设多层次区域合作机制，形成纵向、横向经济轴带，促进区域间资源双向和多向流动，提升海洋文化资源的配置效率，以此提升区域城市影响力和辐射带动力。

苏东内陆区域主要包括隶属于江苏省的连云港、盐城、南通、淮安、宿迁、扬州、泰州、徐州市，同时也涵盖山东省的日照、临沂、枣庄，远涉潍坊、青岛。此种"内陆区域联盟集聚模式可以通过'陆海合作''山海协作''区域勾连'等多元化的区域对接与合作途径，实现包括南线盐城、南通，西线徐州、郑州（途径豫

皖苏三省的郑徐高铁线），北线以日照为中心的鲁西南城市群等地区在内的欧亚大陆桥沿线东部海洋文化产业和服务业的互助联动发展，促进苏东沿海地区的海洋文化产业与徐州、淮安、郑州等内陆地区的文化、市场等资源实现对接发展和优化配置"。

（二）促进苏东沿海地区形成"点—轴"式集聚开发模式

苏东沿海地区海洋文化资源呈现为一种"散点式"的空间布局，而集聚效应能够最大限度地优化配置海洋文化资源，使其逐步演变为一种"点—轴"式的空间布局和扩散模式。一般认为，"点"是各级的中心城市，"轴"是指在一定方向上的条状区域，"点—轴"式空间布局、扩散和开发模式强调将有限的区域人力、财力、物力优先集中于在优势比较大的区位上，然后逐步向外扩散，最终实现区域的整体发展。江苏省"海上苏东"发展计划"确立了海洋产业在江苏沿海经济带中的主体地位，提高海洋第三产业的比重，大力发展海洋旅游产业等新兴产业"。因此，苏东地区应把握机会，迎难而上，乘上"海上苏东"的发展战略机遇，从实际情况出发，统筹规划，积极发展现代海洋文化产业新业态，发挥"陆海联动"和"一带一路"交汇点区位优势，发展休闲文化和滨海休闲业、体验文化和滨海体验业、养生文化和滨海养生业、商务文化和滨海商务旅游业、会展文化和滨海节庆会展业、演艺文化和滨海演艺业、数字动漫文化和数字动漫业、游艇文化和滨海游艇业等，强化文化产业的溢出效应和辐射效能，促动区域中小城市发展，助推苏东地区连云港、南通、盐城的国际化海洋港口城市建设。

江苏沿海开发规划提出"以连云港为核心建设沿海港口群，努力建设成为我国东部地区重要的经济增长极"。今后，借助"长三角"整体区位优势，建立长效合作和融入机制，发挥自身优势资源，积极对接苏南地区城市群。连云港的海洋文化产业应注重形成以"东西连岛"旅游区为核心、以"海上云台山"为协作节点的海洋休闲旅游文化产业集群，以海洋公园为节点的海洋文化创意产业集群，以海洋文化节为节点的海洋节庆文化产业集群等。通过"山海联动"发展战略，优化整合地区资源，形成规模化开发优势，实现连云港与徐州、盐城、南通、苏中地区在空间上对接，凸显苏东沿海地区的临海产业集聚效应，加快连云港、盐城接轨徐州和苏中、苏南地区的步伐。

（三）促进苏东沿海地区海洋文化产业交通网络化发展

1. 构建苏东沿海地区综合交通运输枢纽的集疏运体系

连云港、盐城、南通三市的交通体系不完善，港口与铁路、公路、内河网道等集疏运体系尚待优化，高速公路体系亟须建设，高速铁路尚未真正投入使用，依然处于一种空白状态，"一体两翼"港口基础设施建设任重道远。可以说，当前的苏东沿海地区综合交通运输枢纽的集疏运体系发展严重滞后，制约着海洋文化产业交通网络化发展。

2. 建设高效的铁路网

优化完善铁路交通基础设施，建设沿海铁路通道和苏北地区铁路网，八纵八横是我国高速铁路网的短期规划，陇海兰新铁路线是陆上丝绸之路运输大动脉，东部桥头堡连云港市是陆上丝绸之路和海上丝绸之路的交汇点，地理区位优势明显，连云港市与"八纵八横"相关的是连盐、青连两条铁路，是沿海高铁的重要组成部分，八纵中的徐连客专也已开工建设。在陆上丝路建设方面，将从连云港西往乌鲁木齐的火车专列作为载体，冠以"山海连云、西游圣境""游在江苏·连云港号"作为宣传形象，以海洋文化旅游、滨海服务业为推介重点。同时，注重促进和发展"中国—中亚—西亚"一线亚欧洲旅游文化线路和特色海洋文化服务产业，建设海铁联营模式的铁路、港口和物流公司，实现陆海联动，在加快苏东沿海地区物资通过亚欧大陆桥快速向西直到中西亚之时，也要加快中西部物资快速通过郑州、徐州进入苏东地区海岸的步伐。

3. 优化升级高速公路道路网络

着力推进高速主骨架扩容，打破省级高速公路衔接瓶颈，优化提升高等级公路网，改善连云港、盐城、南通高速公路的布局，加快推进城市换乘体系。

4. 促进航空运输升级换代

政府要注重培育苏东地区国际航空供应基地，构建现代化、区域性的航空枢纽和机场集疏运体系，与"一带一路"沿线地区的国内和国际航线实现对接，与"一带一路"倡议规划相呼应。因此，要统筹规划，快速推进连云港新机场的建设，力争向国际机场靠拢，打造国际运输和货运的供应基地。加快徐州观音机场二期工程的扩建和集疏运功能的提升，促进苏东北地区航空运输系统的升级换代，促进其与连云港机场协同合作，以口岸开放为抓手，共同建设区域性航空枢纽。同时，着力开通更多航空航线，积极培育干线航线，优化完善航线网络。

5. 积极融入海上港口城市网络，建设苏东地区海上丝路交通运输体系

海洋运输和陆桥经济是相互依存、彼此促进的，苏东地区连云港、盐城、南通与韩国、朝鲜、日本隔海相望，韩国仁川、平泽是"一带一路"倡议海上丝绸之路重要的节点城市。目前，中国在海洋港口城市网络建设方面启动了"中国-东盟海上合作基金"和"中国-印尼海上合作基金"，2017年9月初，"第二届中马港口联盟会议在马来西亚首都吉隆坡举行；9月13日，以'推进中国-东盟港口城市合作，共享海上丝绸之路繁荣发展'为主题，中国-东盟港口城市合作网络工作会议在广西南宁召开。'一带一路'倡议带动越来越多的中国企业投资海外港口，涉及码头和临港产业园区的建设及营运，也有越来越多的东盟企业来到中国，合资建设港口、开辟新航线、建设物流园区，中国与东盟海上互联互通更加紧密"，倡议有力促进了"一带一路"地区港口城市政府、港口管理和运营机构、船务公司及企业等多元主体从机制建立到港口对接、基地建设、服务支撑等方面加强合作、协同发展、协同互动，共同推动建立海上互联互通港口城市网络，构建"蓝色经济示范区网络"。苏东沿海地区，尤其是连云港应注重发展和提升海口吸纳功能，连云港的海上客运直接韩国仁川，这有利于连云港港口、南通港以及沿江港口群协同合作，加强沿海沿江港口"江海联运"集疏运能力建设，充分发挥"陆海联动""江海交汇"的人文地理区位优势，以连云港、盐城、南通为节点城市，着力建设苏东地区"陆海勾连"的海洋文化丝路交通运输体系，积极融入海上互联互通、协和万邦的

港口枢纽城市网络。

三、发展路桥沿线辐射带的阶梯式集聚发展模式

在"一带一路"倡议下，亚欧大陆桥的东陇海沿线成为新的辐射带和经济增长极，以陇海、兰新铁路线、徐连线和郑徐高铁为轴，实现包括欧亚大陆桥沿线城市，途经豫皖苏三省的郑徐高铁线，包括徐州、郑州，远涉西安等西北地区，欧亚大陆桥沿线江苏东部海洋文化产业和服务业的互助联动发展，促进其与徐州、郑州等路桥沿线辐射带区域的市场实现对接和开放共享，促进连云港、盐城与徐州形成"点—轴"式的苏东北区域海洋文化产业集聚空间格局，促进连云港、徐州与以郑州为中心点的阶梯式豫东区域文化产业的协同集聚。

（一）促进连云港、盐城、南通与徐州形成集聚空间格局

作为大陆桥东段第一座区域性中心城市的徐州，是淮海经济区中心城市，也是新亚欧大陆桥东段枢纽城市，其定位应是建设"路桥上的徐州"。连云港、盐城、南通既是苏东沿海地区的节点城市，也是"一带一路"建设规划中明确的重要地区中心城市，但徐州已经崛起多个特色县域产业集聚，其集聚经济发展在苏东北地区处于领先地位，成为淮海文化圈经济发展的重要经济增长点。因此，要以服务于"新亚欧大陆桥"建设为指导思想，促进连云港、盐城、南通与徐州的区域协同聚合战略定位，在服务中明确城市定位，形成区域合作发展新格局，实现经济、文化、市场融合，促进资源优化配置，打造"陆海协作""区域勾连""东西联动"的现代化、开放型、功能完备的国际化海洋港口城市，促进连云港、盐城、南通沿海区域与徐州的区域一体化建设。

（二）促进苏东节点城市与皖北、豫东、鲁南区域协同集聚

苏东沿海地区要与相邻地区树立合作意识，整合优势资源，相互开放市场，共同建设和维护运营网络信息平台，实现资源共享，为区域海洋文化产业协同集聚创

造良好的合作和发展环境。连云港市北接山东日照市，是中国首批沿海开放城市、新亚欧大陆桥东方桥头堡、"一带一路"交汇点城市，"长江三角洲地区发展规划对连云港提出了建设综合性交通枢纽，以重化工为主的临港产业基地和国际性海港城市的明确定位"。伴随着郑徐高铁的通行，以徐州为核心的苏北地区和豫东区域实现了快速对接，在此基础上，可以大力发展"以涉海影视业、动漫游戏业、出版发行业、滨海演艺业、滨海文化旅游、休闲渔业、海洋节庆、海洋民俗、海洋主题公园、滨海娱乐业、海洋工艺品业等为主体的海洋文化产业"，拓展其"丝绸之路服务带"西部的市场，促动连云港和豫东区域海洋文化产业结构转型升级和科学发展。同时，发展海洋文化产业可以促动路桥沿线带地区其他相关产业的发展，海洋旅游文化产业发展可以促进和带动当地餐饮、宾馆、交通、手工艺品加工业、旅行社等产品及服务市场的发展，海洋文艺产业也将带动音像、影视产业的发展，海洋节庆会展业可以推动广告业、通信产业等延伸产品的市场，海洋体育产业、休闲产业则会带动路桥沿线带地区，如商丘、郑州等地的相关体育产品制造市场的发展和扩大。

（三）对接东陇海经济带，发展路桥沿线辐射的阶梯式集聚发展模式

江苏提出打造"经济强省，人民富裕，环境优美，社会文明程度高"的新江苏，对此，江苏省政府出台《关于实施国家"一带一路"建设，沿东陇海线经济带的意见建设》，提出："要完善区域合作机制，在'一带一路'战略部署下使东陇海沿线成为新的经济增长极。江苏省是沿新亚欧大陆桥经济走廊的东陇海线地区起步区，陇海铁路更是横跨东西的交通大动脉，具有得天独厚的区位地理优势和人文生态环境。"

1. 要对接融合东陇海经济带

伴随苏东、苏北地区高铁时代的到来，以徐州、连云港、盐城、南通作为苏东地区海上路桥沿线的节点城市，在深化与东陇海沿线地区、中西部省份的协同合作中，发挥陆海叠加优势，强化东陇海经济带的综合实力及其扩散辐射能力，助推实

现"多方参与、开放共享、联合攻关、互动创新"的协同创新格局。

2. 要放眼全局，统筹规划

连云港、盐城、南通等苏东地区节点城市"一带一路"远景规划的核心任务，就是持续快速推进苏东沿海城市和港口与"一带一路"沿线国家和地区在经济、文化、科技、旅游、物流等方面的交往合作。目前，从连云港出发的中欧国际班列不仅覆盖了中亚五国的所有主要站点，也在此基础上生成了至德国杜伊斯堡及土耳其伊斯坦布尔的两条通道。要"充分发挥连云港新亚欧大陆桥东方桥头堡优势，为中亚和我国陇海沿线及西北地区与日本、韩国、欧洲内陆地区和美国的贸易往来服务，积极发挥南通港通江达海优势，开发江苏沿江地区、长江中下游地区、淮河流域及苏北里下河地区的货物运输，努力发挥大丰港、陈家港区、燕尾港区、射阳港区等中小港口的作用，积极组织货源，扩大业务范围，为地方经济和腹地经济发展服务"。

3. 要营造"透明、便利、规范"的投资环境

以"一带一路"交汇点建设为契机，突破苏东沿海地区"各自为政"的区域行政体制障碍，建构"统一、公平、开放、有序"的东陇海带政治、经济、文化和市场等区域生态环境，"培育区域性商贸、物流、科技、文化、旅游和公共产品等共同市场，实现人流、物流、资金流、信息流等各类生产要素合理配置，形成东陇海一体化发展合力"。

四、"协同"治理：优化海洋文化产业孵化环境

苏东地区海洋文化产业集群化发展是一项巨大的社会系统工程，需要良性的政策制度环境、教育人文环境和"产、学、研、用"一体化环境，这需要强化"协同"创新发展理念，优化海洋文化产业发展的产业制度、政策法规等制度环境，教育环境，人才发展环境，强化海域"物权生态化"理念，加强"产、学、研、用"

一体化建设，重视海域环境保护和开发治理，引入市场机制，深化政府行政体制改革，建设服务型政府，创建独立建制的海洋院校，发展海洋高层次人才，为实施"海洋人才战略""科教兴海战略"提供重要保证。

（一）优化海洋文化产业发展的政策制度环境

1. 优化海洋文化产业发展的制度环境

建立专项治理与长效管理相结合的海洋文化知识产权保护机制，为推进海洋文化产业资源集聚创造良好的产权制度环境。搭建海洋技术研发与海洋文化创业孵化的公共服务平台。建设具备特色优势的海洋文化产业园区，优化空间集聚格局，实现海洋文化资源、创意文化产业集聚，海洋运动文化产业集群，海洋节庆文化产业集群，海洋影视文化产业集群，海洋教育文化产业集群，海洋科技文化产业集群，集中打造连云港市海洋创意文化产业带。

2. 优化海洋文化产业发展的政策环境

海洋文化产业集聚发展离不开政府的资金投入政策，要有针对性地采取贴息、奖励和补助等多种方式，安排产业专项资金，促进海洋文化产业链条发展、延伸和裂变，使其由单一向多元产业链条转变，培育海洋文化产业项目品牌。放宽市场准入领域和准入条件政策，鼓励支持民营资本投资，拓展海洋文化产业境内外市场。扶持发展具有较强核心竞争力的海洋文化产业企业集团。制定出台海洋文化企业根植在集群内的产业政策，促进社会产业网络化发展和服务格局的形成。

3. 强化"物权生态化"理念，重视苏东海域资源开发、环境保护和协同治理

经济发展的"短平快"理念对自然资源和生态环境的破坏严重，"物权生态化"理念要求在全社会宣传、普及和树立一种绿色、共享的可持续发展的生态化理念，促进海洋文化产业发展的生态化和海洋经济结构转型的低碳化。这需要政策法规制定者以"科学发展观"为指导，统筹规划，设计顶层制度，调整产业结构，运用现代人工智能、大数据、云计算等先进技术建立科学全面的信息搜集、分析、

评估和预测研判系统,"从产业结构调整、碳汇技术推广应用、海洋环境保护和生态修复、发展海洋循环经济、降低碳排放值和碳排放强度等途径入手,发展低碳海洋经济,进行海洋技术改进和制度创新,推进海洋经济结构转型,促进海洋经济发展",实现海域资源开发与绿色发展的和谐统一。

(二)优化海洋文化产业发展的教育环境

1. 引进和培育海洋高层次人才

当前,海洋高层次人才缺乏,海洋教育重视不够是制约海洋文化产业集群化发展的一个瓶颈。苏北地区海洋文化产业集群化发展是一项巨大的社会系统工程,既需要各种类型的人才,也需要各个层次的人才。不同专业类型的人才是指各专业中科学技术型和实用型人才。各层次人才既包括专门的高级人才,也包括初、中级人才以及高素质的普通劳动者。理想的人才结构一般是"正金字塔形",处于塔尖的是高层次人才,居于塔中的是中等层次人才,处于塔底的是社会初级人才和普通劳动者。因此,健全完善苏北地区海洋文化产业的人才结构,发展海洋高层次人才。海洋人才教育必须走高、精、尖的发展道路,以保障培养质量为基础,逐步扩大招生规模,以引领海洋高等教育的创新和跨越发展,为实施"海洋人才战略""科教兴海战略"提供重要保证和智力支持。

2. 以江苏海洋大学为依托,建设高水平的应用研究型海洋大学

基于"我国高等教育的发展趋势、江苏高等教育的总体布局以及学校区位特点和现有办学基础,将江苏海洋大学的发展目标定位于建设海洋特色鲜明、区域优势显著的海洋大学,要从学校办学定位、学科专业建设、人才队伍建设、内部治理等方面深化改革"。创建工作领导队伍,整合优化配置资源,发挥聚合效应,精准定位,科学布置,发挥特色效应。整合凝练海洋学科资源和方向,聚焦海洋办学理念和特色,形成海洋学科优势,推进学校转型升级。坚持以绿色共享理念建设和发展涉海平台,打造现代海洋科学与技术、海洋资源与环境、海洋工程与装备、海洋经济与文化等学科平台,从海洋出发,再回归海洋,打造学科平台的"海味"。同

时，注重引进、培养人才，优化师资队伍建设。

3. 筹建3~5所海洋职业院校

教育部公布了"江苏省高校人才培养体制改革试点实施方案"，该方案的阶段目标包含构建高等和中等职业教育。江苏沿海地区是最具发展潜力的区域之一，海洋文化的教育类学校应是重点发展方向之一。因此，筹建3~5所海洋职业院校，培养海洋领域急需的人才是大势所趋。

（三）注重"产学研用"一体化建设

与其他专业相比，海洋类专业的实践性、应用性和职业性都很强，其人才培养对硬件基础设施和软件生态环境都有较高要求，主要包括学生的海上实习条件、高校教学实习基地、涉海操作平台等。目前，有条件的地区往往以高等海洋院校为核心，建立海洋高新技术园区、产业孵化基地和新技术开发基地，并形成一整套行之有效的推广体系。然而，江苏省海洋实践基地和涉海平台建设较发达地区相对落后，无法满足海洋人才教育、培养和教学的实际需要。而内陆地区高校因地域条件限制，缺乏建立海洋实践、教学基地的基础环境。沿海地区虽有一些涉海类高校，但缺乏足够的经费支持，直接影响和制约着海洋专业的实践教学环节，这也是制约海洋类人才培养质量的瓶颈问题。因此，政府职能部门需进一步健全完善海洋文化产业的政策制度，要创新思路，走地区"产、学、研、用"一体化建设道路，注重"产、学、研、用"一体化建设。

1. 政府要健全完善相关政策制度

政府职能部门要围绕海洋文化产业，加快现代海洋科技服务业体系构建，发展优质的配套服务业，将以往多集中在海洋文化产品生产、制造过程中的产业链加以优化改造，使其延伸至原材料供应、产品设计、销售、物流、金融等海洋文化产业服务的全过程，健全完善相关政策制度，加大人力、物力、财力等资源投入，在苏东地区科学规划、统筹设计、筹建海洋类教育和创业实践基地。借此提升优质海洋文化产业和涉海类智力资源集聚的层次，优化涉海类产业链的服务体系建构和供给,为构建海洋文化产业新业态服务体系及其可持续发展增添活力。

2. 搭建涉海院校与政府的交流合作平台

涉海院校应积极配合政府制定出台的政策制度法规,搭建平台与海洋类企业交流、接洽、合作,走"产、学、研、用"一体化道路,加快技术与资本、成果与市场的有效对接与合作,构建长效的"产、学、研、用"协同合作机制,以便更好地解决院校的涉海类专业学生实习、实践基地不足等问题。

3. 涉海企业、市场、用户要强化与涉海院校的合作意识,深化产学研合作

在为涉海院校提供生产、科研一线的新技术、新方法、新素材的同时,鼓励、助推企业与高等海洋类院校建立"校企联盟"等多种合作载体,使得广大教师和学生得以借此深入海洋产品的生产一线,了解现场实际状况和操作情况,及时有效地更新其专业知识信息,提高解决实际问题的能力,争取到产学研相结合的课题项目。在市场及涉海企业层面,紧紧围绕符合苏东地区特色海洋文化产业,发挥市场、企业、涉海院校、科研院所之间的资源协同优势,强化涉海关键技术协同攻关,攻克关键性核心技术难题,在此基础上,开发拥有自主知识产权的海洋文化类新产品、新技术。从学生视角来看,他们通过现场观摩和实践锻炼,增强了实践动手操作能力,优化了知识层次结构,提升了自身的专业知识理论与实践水平,提高了就业竞争力,也为今后从事涉海高新技术研发奠定坚实基础。在此多元主体协同互动、交流合作过程中,涉海类企业也能有效地利用高校及科研院所的优秀教学资源和优秀智力资源,提升企业的产品研发、资源配置和创新能力,扩大生产规模,提高企业效益。

江苏淮盐品牌文化提升研究

黄金无足走天下，淮盐自古天下香。淮盐，盐族珍品，名扬天下。唐代诗人李白曾称赞："吴盐如花皎如雪"。海州名士苗坦之咏叹它"垒垒晶莹富贵盐"。光绪三十二年，淮盐在意大利万国博览会上以"色味俱佳"获最优等奖牌，成为"中国海盐见于世界之代表"。淮盐文化就是"文化力"，是一种无形的力量，让人可以感受到它的"软实力"。它是生产力，是一种可以推动事物快速发展的力量；它是竞争力，是一种可以在未来产品的品牌文化竞争中处于不败之地的力量。江苏淮盐煮盐工艺距今已有4000多年历史，有文字记载的也有2000多年。淮盐的发展历程，可以用四句话概括：起源于春秋，发展于隋唐，振兴于宋元，鼎盛于明清。当"煮海之利，两淮为最""色白、粒大"等美誉冠之而来的时候，淮盐这个响彻天宇的老品牌，就为江苏盐业在神州大地盐族中烙上了深深的印迹。淮盐的发展历史亦是淮盐的文化史，淮盐文化是广泛的，是具有社会性的文化载体。

一、淮盐品牌历史文化及发展现状

淮盐生产史就是淮盐文化史，几千年来淮盐创造了灿烂夺目的海盐生产文明，千年淮盐文化积淀深深地融入了人类社会发展的历史长河中。淮盐在中华文明的进程中一路风雨兼程，既创造了独具特色的淮盐文化，又创造了许许多多不可多得的民族文化瑰宝。

（一）千年制盐史孕育独特的盐业文化

淮盐，是一种文化的载体。淮盐的兴衰，得益于淮盐工艺经历几千年的进化，得益于历代淮盐商们开辟的漕运线路，也得益于历代官府管理与税务制度的改革。也正是淮盐风风雨雨的经历，成就了淮盐文化的厚重。古海州戏曲的繁荣，尤其是古雅清幽"海州五大宫调"的形成与流传，与深远悠长的盐河文化联系和融合分不开。古法淮盐制作先后经历了两个阶段：北宋以前盐民制盐方法为煎炼（海盐制造是刮土淋卤，取卤燃薪熬盐），从北宋开始出现了晒盐，到了清朝末期，海盐各产区大都改用晒制之法，技术逐渐完善起来。晒盐就是将海水晒成盐的过程。晒盐时先将海水引入蒸发池，经日晒蒸发水分到一定程度时，再倒入结晶池，继续日晒，海水就会成为食盐的饱和溶液，再晒就会逐渐析出食盐来。漫漫晒盐路，浓浓盐民情。无论是晒盐要经过建滩、整滩、纳潮、制卤、测卤、结晶和捞盐归坨七套工序，还是诸如蒸发池、结晶池、戽（旧式盛水器具）或水车（旧式提水工具）、滩池、盐坨、盐沟、潮沟等古老的晒盐设施或工具，无不见证淮盐的深厚文脉（图1-1）。

图1-1　传统晒盐

祖祖辈辈生活在这里的人们依靠淮盐为生，更是将对淮盐的爱和深深的情融入自己的日常生活，其非凡的气韵与魅力，令人叹为观止。盛传于淮北大地的歌谣、谚语、谜语、歇后语等文化流风，无不咸味十足，可谓是洋洋大观。比如"到了三月三，脱脚忙和滩"说的是三月阳气上升，适合整滩晒盐；"雨打坟头田，今年产白盐"说的是盐民盼望清明节后下雨，清洗盐滩的灰尘等。再如本地普遍流传的一些与盐有关的歇后语：卤缸里掺水——捣蛋（倒淡）；盐包掉到河里——白送；盐廪上冒气——咸（闲）气等。也有一些以盐为谜底的谜语，如像霜不是霜，受潮把形藏；家住大海，走上岸来；太阳一晒，浑身变白等。这些极富温度感、生活化，又"盐味"十足的谚语、歇后语等，深深融入了历史的魂魄，潜移默化传达着一代又一代盐民的心声，浸润着一代又一代盐民的心灵，影响着一代又一代盐民对于生活的多种感受。它们既没有因为工艺演绎而消融，也没有因为盐政变革而湮灭。它们既是历代淮盐人在与大自然的拼搏中不断积累形成的精神财富，也是我们创建现代淮盐企业文化的源头。对于淮盐文化的传承，我们任重而道远。

（二）淮盐的流通买卖过程呈现的盐业文化

淮盐产地连云港、淮安、盐城、南通四市，淮盐集散地扬州、泰州、仪征等城镇以及运输通道运盐河、大运河、长江等河道，留下了数不清的淮盐历史遗存，积淀了丰富多彩的淮盐文化遗产。这些自然遗存也是淮盐文化弥足珍贵的财富。如运河风光、水利工程枢纽、沿海滩涂、盐碱沼泽等自然景观；呈线状分布的许多淮盐文化遗址遗迹，包括运盐水道及其水利设施、盐码头、盐仓、盐场遗迹、盐栈、盐商会馆、园林、宅第、书院、祠堂等古建筑，因淮盐而兴盛的古镇、古城、古街；多种淮盐制作技艺、神话传说、民俗风情、地方庙会、行业神拜等非物质文化遗产。具有更为丰富的文化、历史、社会、艺术等价值，呈现出多边的、完整和准确的历史图景，因而它更能够展示淮盐文化的历史发展进程，充分地体现淮盐文化的动态性、完整性和真实性，提升淮盐文化的价值。

（三）淮盐带动扬州、苏州等城市的崛起和私家园林的出现

古人道："因利所以聚人，因人所以成邑。"淮盐成就了扬州、泰州、淮安、海州、板浦等名城重镇。以盐发家的盐商们对淮盐文化曾不惜血本投入大量资金。其一最具代表性的园林当属扬州市的个园（它与北京的颐和园、苏州的拙政园、留园并称为华夏四大名园）。个园是大盐商黄至筠所建，据陈含光讲述当时建造整个园的工程总造价达到3000两黄金之多。其二为连云港市板浦镇的秋园，是当地盐

政官员缪秋杰出资建造。秋园是淮北盐场自然地理风光特征的集纳和微缩版。这个雕梁画栋、富丽堂皇的秋园是当时淮北盐区首屈一指的园林景观建筑，其造价也是非常的昂贵，正是这些建筑丰富了淮盐文化的内涵。（图1-2、图1-3）。

图1-2　扬州个园

图1-3　板浦秋园

（四）淮盐是众多中国古典文学名著成书的因子和沃土

四大名著《水浒传》《西游记》《三国演义》《红楼梦》与淮盐文化有着千丝万缕的联系。近来有越来越多的专家学者认同这样一个学术结论：如果没有淮盐文化的滋养，就不大可能有这四部奇书的横空出世。除四部名著之外，还有《儒林外史》《镜花缘》等古典名著，这些都受到淮盐文化肥沃土壤的滋润。《西游记》中就有对淘盐景象的描写："只见海边有人捕鱼、打雁、挖蛤、淘盐"（第一回），二郎神的故事也多被认为与淮北盐地有关。至于创作于盐都板浦的《镜花缘》，不仅作者是久居盐区、联姻盐业世家的盐官子弟，而且作品能够洞察盐都时弊，且古海州的湖光山色、风土人情都时有隐现。从海州的地方戏曲中也能辨识出淮盐文化的身影，淮海戏、童子戏和工锣鼓都是淮盐文化孕育出来的。淮盐文化不仅广泛存在于本地文学之中，而且对中国文学传统的形成也具有普遍性的渗透和影响，盐味十足。

（五）淮盐现状

现今，淮盐的产量较之前有了几十倍、上百倍的提升。为了适应现代消费者和市场的需要，淮盐开发出了种类繁多的功能盐。它已经成为主产区的经济大开发、大建设、大发展的核心战略资源，将为淮盐产区的跨越发展做出空前的贡献。在市场大潮中淮盐品牌价值一路飙升近50亿元，成为中国盐产品最叫得响的品牌之一。2009年，经过省政府批准，淮盐晒制技艺被列为江苏省第二批非物质文化遗产保护项目。2014年11月，淮盐"晒盐技艺"（淮盐制作技艺）被国务院列为国家级非物质文化遗产代表性项目。

二、淮盐品牌文化发展问题

（一）现代机器生产冲击着传统制盐工艺，也冲击着淮盐文化

淮盐文化指淮盐在2000年的发展过程中所形成的特有的文化符号和文化样式。诸如制造环境、制造工艺、谚语、民间故事、风俗活动、诗词歌赋、漕运交易、遗存遗迹、词谱歌谣、民俗谚语等。这些文化样式丰富着淮盐文化，传承着淮盐文化，创新着淮盐文化。传统古老的淮盐生产中的盐民在建滩、整滩、纳潮、制卤、测卤、结晶和捞盐归坨等制盐的每道工序中，一步步地将海水逐渐蝶变成洁白、晶莹的海盐，盐民与淮盐可以阐释为既是盐的生活，也是生活的盐。因此，盐民对淮盐所释放出的是满满的人文情怀和点点的生活态度，如今却被现代文明所取代，这样自然地拉远了盐工与盐的感情。随着工业现代化的普及，一套套大型制盐机械设备、一列列冰冷的流水线设备的大量使用，让人淡忘了拥有2000多年历史的卤水煮盐、晒盐的制盐工艺和制盐环境。因此，当这种人与盐的情思荡然无存的时候，以往所形成的传统淮盐文化样式自然就逐渐地不被人们所关注和理解，离人们的生活也渐行渐远了。

（二）重效益、轻文化的企业发展理念，对品牌文化的建设不利

在市场经济的驱动下，大小企业大都将企业利润放在首位，重利润回报而轻文化内涵建设。淮盐生产企业也不例外，通常是加班加点促生产、夜以继日赶进度，增量扩产一切围绕利润转。根本无暇顾及企业文化的建设，造成现代淮盐文化传承

和发展出现窘境。从短期看，抓生产、促进度、增效益似乎订单不断，市场行情不错；但是从长远看，这种只注重效益的发展理念定会逐渐被市场遗弃。原因主要有二：其一，现代生活水平的提高使得人们消费观念发生了极大变化，不再以价格为唯一选择标准，而是更加注重产品的品牌，在购买产品时，以哪家品牌口碑好、哪家品牌知名度高、哪家品牌值得信赖为选择产品的重要标准；其二，产品品牌的塑造则需要以企业文化建设为依托。品牌文化是社会财富和精神财富在品牌中的凝结，是消费者心理和价值取向的高度融合。品牌文化作为一种策略，它能凸显品牌个性，拉近品牌与消费者之间的距离，增进消费者对品牌的好感度和美好联想。目前淮盐一味追求效益和利润，不注重品牌文化建设，势必导致淮盐的文化附加值不高，只能赚到极少的辛苦钱，同时产品的差异化不明显，卖点不突出，只能与同行企业大打价格战，从而出现行业的恶性竞争，最终陷入企业倒闭关门的境地。

（三）文化元素和实体文化载体挖掘不足

连云港作为淮盐的主产区，从近几个月的实地调研发现，淮盐文化元素挖掘少得可怜。人们都知道海州五大宫调被收入连云港市首批非物质文化遗产保护名录和江苏省非物质文化遗产名录，但是，很少有人去研究五大宫调与淮盐之间的关系。换句话说，五大宫调为什么是淮盐文化的样式之一？《镜花缘》一书与淮盐之间的传承关系以及为什么它是淮盐文化的又一样式呢？地处连云港市赣榆区的盐仓城，早在1962年秋，南京博物院就考古证明了盐仓城即为汉代赣榆县城遗址，周时曾为盐官驻地。盐仓城遗址对研究连云港市古代盐业开发史和历史地理等都有很重要的价值。人们对它的研究又有多少呢？像这样的珍贵遗存、民俗曲调、诸多名著等实体文化载体的内涵挖掘和研究也有待进一步深入。

（四）淮盐生产技工和生产场地迅速缩减和消亡

在现代盐业推动下，传统的古法淮盐制作技工迫于生计，逐渐掌握了现代的机器制盐方法，原本技工掌握的古法制盐手艺便处于"失业"的窘境。另外，市场也不需求古法制盐技师。近些年以连云港市为例，其城市发展突出"城市东进，拥抱大海"的发展战略，本该地处海边的各大盐场，逐渐地被庞大的城市建设和各类如雨后春笋的工业园区所吞并蚕食。比如，原来地处城市东边的徐圩盐场被国家东西现代产业示范区和号称世界七大石化产业基地所取代；地处北面的台北盐场却开始遭到连云新城和连云港高新区的蚕食。估计过不了几年原来一望无际的盐场可能就被新城所包围，盐田面积急剧缩小。以上这些致命因素对现代淮盐的发展和淮盐文化品牌的挖掘与塑造增加了不小的难度。

（五）淮盐文化品牌研究未能形成体系

现代的商业社会是一个产品同质化的社会，区别产品的唯一特征就是品牌。品牌对于很多企业来说是最重要的资产。有一些品牌，例如麦当劳、百事可乐已经脱离产品而存在，变成了一种文化，形成了一种价值观。作为淮盐企业应站在营销的角度上，增强品牌意识，树立品牌观念。但从打造一个知名品牌的角度分析还是远远不能唤起一个品牌文化的复苏和腾飞，因为一个品牌的文化建设是一项长远的、系统性的工程。

三、新时期淮盐品牌文化提升发展对策

品牌是技术与文化相融合的共同体。技术创新奠定了品牌的理性价值，而品牌文化则赋予品牌灵动性。一个品牌的背后，有富有感染力和想象力的文化内涵，才有可能形成巨大的市场影响力和竞争力，才有可能被消费者所接受。如果一个品牌成为某种文化的象征或者融入某种生活习惯的时候，它的传播力、销售力、影响力是非常巨大的，这个品牌将迅速占据人们的内心，与它所蕴涵的文化同生共息。

（一）淮盐文化载体的深度挖掘

为了挖掘整理历史遗产，梳理千年淮盐发展史，探究沉睡多年的淮盐文化遗存，江苏省以政府牵头，依托盐城市海盐文化研究会和连云港市淮盐文化研究会等

专业协会，组织文化界和国内一些盐文化研究专家、学者，通过合作攻关，深入挖掘、重新系统地整理淮盐生产、民俗娱乐、仓储漕运、盐衙赋税、城市园林、文化小说、遗迹遗存等文化载体和文化符号。目前关于淮盐研究仍然处于初级阶段，研究仍然仅限于淮盐本身。要深入研究还必须跳出淮盐直接相关的事物，去研究和关注与淮盐间接关联的事物和现象，如江苏沿海多个地区的地名与盐相关的现象。在江苏南北近1000千米的狭长地带里，尤其是最初的地名，许多都以海盐生产场地、工具命名，如"亭、渎、场、团、灶、仓、圩、滩……"前面附以姓氏、序号、标志组合而成。例如，连云港区域的沈圩、徐圩，盐城区域的南团、西团、卞团、头灶镇、三灶镇、四灶、三仓、铁盘洋、天盘等。这种普遍的海盐地名构成现象，充分地显示海盐文化在江苏沿海地域文化中的原创性。类似这样深居乡野的淮盐文化遗存还有很多很多，每一个都是淮盐文化的细胞，只有系统地、全面地、深入地对其进行研究才能更大限度地丰富淮盐文化。

（二）在创新中挖掘淮盐文化内涵

现代意义的品牌是指消费者与产品之间的全部体验，包括物质体验和精神体验。现代淮盐文化的创新也要依托现代人们的生活。根据现代人的消费需求，开发适应现代生活样式的新的淮盐品牌，比如爱美的女性把大把的金钱和时间花费在美容上。海盐中含有的微量元素具有消毒、杀菌、止痒等功能，倘若通过深度研发定会开发出一款特殊功效的健肤美容盐，也可以根据其促进人体血液循环、消炎、去湿气、瘦身等特效开发诸如减肥盐、洁肤盐。根据适用对象的不同需求，可以开发液体盐等新产品，从而强化新时期的淮盐文化。

（三）效益与品牌文化必须两手都要抓

市场上的同类产品日益同质化，企业在传统的产品功能、价格、质量、渠道等方面制造差异、形成核心竞争优势越加困难。培育具有个性和内涵的品牌文化是保持品牌经久不衰的必由之路。例如，可口可乐之所以能渗透全球，长久不衰，就是因为它把美国人乐观向上的精神和生活方式融入品牌文化中，把品牌文化变成了人们生活中的一部分。又如，麦当劳不仅是在卖快餐，更是在传播一种"欢乐"的快餐文化。麦当劳"品质、服务、清洁、价值"的经营理念、友善周到的服务、优雅清洁的环境，儿童们甚至把餐厅当作乐园……这一切无不使顾客感受到一种家庭温暖欢乐的气氛。再如，迪士尼公司旗下的卡通形象小熊维尼，据评估，其品牌价值接近160亿美元；而世界知名品牌索尼，尽管业务纵横电子、贸易等诸多领域，但其品牌价值仅为135亿美元，与小熊维尼尚有25亿美元的差距。一只玩具熊的品牌价值比一个世界知名高科技企业还大。小熊维尼何以能战胜索尼，就是因为小熊维尼这个人见人爱的卡通形象，带给了世人丰富的文化情感体验。品牌文化不仅能增进消费者对品牌的好感度和美好联想，更能成为品牌的核心竞争优势。企业文化实质上是一种竞争文化，在这种竞争中，企业的信誉、形象、品牌和知名度已经成为不可估量的无形资产，在市场竞争中占据着十分显著的地位。企业竞争实际上也是隐含在企业传统文化的传承、企业形象展示、产品广告宣传及社会公关活动背后的文化竞争。要使淮盐在新经济、新市场和新形势下跨越发展，必须重视文化战略，以文化决胜市场，以淮盐文化推动淮盐品牌塑造，促进淮盐发展，这是提高淮盐核心竞争力的关键所在。

（四）借助互联网+平台进行淮盐文化品牌提升

有句俗语"酒香不怕巷子深"，而现在已经不是"酒香不怕巷子深"的时代了，再香的酒也要走出巷子，通过营销创新传播让它香飘世界，这是现代产品营销的理念和手段。

现在的淮盐文化品牌的传播必须借助功能强大的互联网这一超级传播平台。互联网具有数以亿计的受众人群，它是传播范围最广、速度最快、成本最低、收效最大的媒介平台。在网络时代，品牌塑造是一个系统协调地运用产品或服务、故事讲述、各种媒体和技术来影响客户对品牌文化认同的过程。首先，互联网能很好地提供用户体验，可以用淮盐高质量的产品吸引线下用户到线上消费，提高网站点击率和浏览量，从而提高品牌及品牌文化知名度。其次，互联网可以为淮盐文化品牌提供开放性。互联网时代是一个分享的时代，是一个开放的时代，互联网思维的开放性，使得淮盐文化品牌也具有了开放性。

（五）在展示和传承中提升文化品牌

1. 政府根据具体情况，在原有盐场的基础上制定规划淮盐生产的专属作业区

任何企业或开发机构都不能侵占，确保淮盐传统制盐的基本场地。专属区继续古法传统制盐的工艺模式。如传统淮盐生产所需的盐滩、盐沟、蒸发池、结晶池、戽（旧式盛水器具）或水车（旧式提水工具，滩池、盐坨、潮沟等）。制盐工序也是完全按照以前传统淮盐建滩、整滩、纳潮、制卤、测卤、结晶和捞盐归坨的制作流程完成，并用旧式工具进行制作。这样制作出来的淮盐在营销过程中就以手工传统淮盐为卖点进行宣传，可以与现代机器生产的淮盐形成区别，更能触动消费者对传统淮盐的回忆和眷顾之情，从而刺激消费者的消费热情。

2. 打造体验式现代文化园和博物馆

首先，依托老盐场打造淮盐文化园。整个园区可以分为展示区、体验区、娱乐区等。比如，展示区可借助声、光、电、图版、电子屏、模型、虚拟场景等方式，为观众普及淮盐文化和淮盐知识。在体验区内，可以将传统制盐环境和制盐流程以微缩版的形式再现出来，让参观者直接用古老的炉灶煮盐……真正感受古代盐民的艰辛，感受海水怎样一步步通过盐民的双手逐渐地变成晶莹洁白的淮盐。在娱乐区兴建盐泥浴馆，享受日光浴并进行中医理疗按摩；按游泳池的大小可制作人工死海，制造大型八卦风车，海盐雕塑DIY等，让参观者在"学""做""娱"中，真正感受悠久的淮盐文化，体味淮盐文化，使原本与人们生活渐行渐远的淮盐重新回到人们的生活中。在老盐场面临消失的背景下，连云港市政府划拨3万亩淮盐文化保护区专项用地，用于建设"淮盐生产工艺保护基地"，其内容涉及盐的用途、炼海历程、淮盐之利、盐政流变、淮盐烽烟、淮盐艺韵、淮盐新曲等10个方面，这极大地保护了传统的淮盐生产场所，对于淮盐文化的传承起到积极的推动作用。其次，积极广泛收集与淮盐相关的遗存、诗词歌赋、遗迹、工具等，通过博物馆藏品的陈列展示向社会宣传、教育，普及淮盐相关的知识和淮盐悠久的历史和深厚、灿

烂的文化，从而提升淮盐品牌和淮盐文化的知名度和美誉度，更好地使淮盐文化品牌在保护中发展，在保护中传承。

3. 淮盐文化旅游线路建设

淮盐的生产、运输、销售等遍及江苏省多个地区，由北向南线型分布。沿线分布着数量不少的具有旅游价值的自然环境。比如，要打造淮盐漕运旅游线路，就必须将城市有机地联系到一起，集纳淮盐旅游资源，六市共同打造淮盐文化旅游一条路。沿途各市做到共同管理、共同开发、资源共享、票务统一，实现淮盐文化旅游资源一体化发展的新模式，通过旅游体验和旅游宣传，在突出淮盐文化整体形象的同时，发挥各市资源优势，打造出淮盐文化精品旅游线路，使淮盐文化线路成为一条展示淮盐文明进程的线型文化景观，从而促进淮盐文脉的传承和发展。打造文化线路作为文化遗产的重要组成部分，不但具有遗存价值和考古价值，还具有旅游价值。利用文化线路对江苏的淮盐文化遗产进行整体性保护，以线路作为纽带，将沿途的自然遗存、人文遗存、实物遗存全部纳入淮盐文化线路载体中，从而推动江苏淮盐旅游经济发展。

第二篇
海洋生态旅游

江苏海洋文化产业地域性平台的打造研究

一、引言

我国有300多万平方千米的管辖海域，1.8万千米海岸线，海洋资源十分丰厚，是世界重要的海洋大国。随着《联合国海洋法公约》的生效，全球范围内的"蓝色经济"发展高潮迭起。作为海洋大国，我国海洋经济占国内生产总值的比重逐年上升，海洋经济成为经济增长的新亮点。根据初步估算，我国2016年海洋生产总值约为70 507亿元，比2015年增长6.6%，海洋生产总值约占全国国内生产总值的9.5%，全国涉海就业人员3624万人。同时，我国海岸线跨越3.5个纬度，有热带、温带和寒温带三大自然气候带，自然生态禀赋多样，海洋文化形态众多，文化内涵蕴含丰富，为发展海洋文化产业奠定了扎实的基础，是我国未来海洋产业发展不可或缺的产业资源。

江苏滨江临海，位于中国沿海中部，拥有近1000千米的海岸线，管辖海域3.75万平方千米，海洋经济发展稳步推进。且，江苏位居暖温带区域，动植物物产多样，生态环境较好，区域文化资源丰富，整体存续状态稳定，既存有海洋文化的历史沉积，也保持长江、淮河水域的文化经典，就地域海洋文化建设而言有着自身独特的规律和特点。当前，江苏文化产业发展迅速。自国家文化产业振兴计划颁布以来，江苏文化产业步入发展的快车道，至2016年，文化产业产值达到3488亿元，约占全省国内生产总值的4.97%，呈现支柱性产业态势。自"十三五"开局以来，江苏沿海、沿江文化产业互联互通，优势互补，比翼齐飞，稳步推进。在沿海区域、连云港的西游文化、徐福文化、山海文化生态保护区、女子民乐团等；盐城的丹顶鹤、麋鹿自然保护区、中国海盐博物馆、盐城杂技团等；南通的张謇博物馆群、蓝色印花布、南通动漫网、瓦栏网创意文化产业平台；以及南京、扬州、镇江、淮安、苏州、徐州等地域文化企业加盟海洋文化产业开发，形成了江海联动、多线并进的文化产业发展格局，极大地助推海洋文化产业发展。文化产业业态纷呈、竞相绽放、各显其能，初步形成了多个形态各异、优势互补的海洋文化产业平台，在江苏"十三五"文化产业发展规划中各领风骚，亮点闪烁。

海洋产业研究一直是我国近几年来社科界关注的热点，也是社科研究领域的新蓝海。应该看到在对接"十三五"规划，聚焦"两聚一高"目标的进程中，着力打造独具地方特色的区域性海洋文化产业高地是大力发展江苏海洋经济新业态和新兴文化产业的战略路径和有效抓手，也是建设海洋强省和文化强省不可或缺的文化产业领域。开发和打造适宜江苏海洋文化产业发展的区域性产业平台既有必要，也有可能，需要认真研究和探讨。

二、江苏海洋文化产业发展现状与存在问题

长期以来，江苏海洋经济围绕建设海洋强省目标，解放思想、开拓创新、积极作为、争先创优，海洋经济整体发展一直处于我国整体经济发展的前列，是江苏经济增长的新亮点，成为江苏支柱性产业之一。但是，由于江苏海洋经济格局中海陆并进、江海互通特色明显，长江经济带远强于沿海经济带，导致苏南、苏中、苏北区域经济发展不均衡，以及其他一些历史发展原因，江苏海洋经济中的第三产业发展不太充分，沿海各地微观经济、社会发展存在一定的差异，各门类的海洋产业和文化产业发展参差不齐，海洋文化产业局部发展呈现着不均衡的态势。具体情况如下。

（一）江苏海洋文化产业发展现状

近几年来，江苏海洋文化产业发展迅速，并呈现以下特点。

1. 江苏海洋自然文化旅游资源存量丰厚

海洋生物资源。江苏海域地跨暖温带和北亚热带，水温适中，长江等众多入海河流输送大量营养物质入海，生物生产自然条件较好。近岸海域浮游动植物种类繁多，近海拥有海州湾渔场、吕泗渔场、长江口渔场和大沙渔场等生态渔业资源，且，江苏沿海拥有基岩海岸、沙滩海岸、淤泥质海岸、基岩海岛等，拥有亚洲大陆边缘最大的海岸湿地和独特的辐射状沙洲，有丹顶鹤、麋鹿2个国家级珍稀动物自然保护区和蛎岈山牡蛎礁、海州湾海湾生态与自然遗迹2个国家级海洋特别保护区，花果山、狼山、范公堤等自然景观及新四军纪念馆、盐文化博物馆等人文景观遍布沿海各地。海洋文化旅游资源存续状态良好，文化开发资源存量丰厚。

2. 海洋经济开发中第三产业开始发力

江苏一直是我国的经济大省，也是海洋开发大省。从"十二五"规划开始区域海洋经济增效提速，发展势头强劲，产业结构日趋合理，第三产业开始发力。海洋经济生产总值由2012年的4723亿元上升至2016年的接近7000亿元，年均增长10.3%，占全国海洋生产总值比重由9.0%提升至9.93%，占全省生产总值的9.2%。特别是伴随着海洋绿色开发的崛起，产业的转型升级，产业新旧动能转换明显，第三产业增长加快。2015年江苏省海洋第一产业增加值为288亿元，第二产业增加值3037亿元，第三产业增加值3081亿元，其比例为4.5∶47.4∶48.1，海洋服务业首次超过海洋第二产业，成为江苏省海洋经济发展的新亮点。

3. 江海联动产业格局基本形成

江苏牢固树立并自觉践行创新、协调、绿色、开放、共享五大发展理念，以提高发展质量和效益为核心，以改革创新为动力，海洋强省建设初见成效。2017年，江苏再次发声，发布了《江苏"十三五"海洋经济发展规划》，重新构建江苏海洋产业发展格局，突破原有的海洋产业生产力布局思路，提出了重点打造"一带、两轴、三核"的海洋经济发展空间新思路。"一带"即以沿海地带为纵轴、沿长江两岸为横轴的"L"形海洋经济发展带；"两轴"，即沿东陇海线海洋经济成长轴和淮河生态经济带海洋经济成长轴;"三核"为连云港、盐城、南通三个节点城市。这一发展思路体现了江苏江海联动的地域经济特点,同时也为海洋经济发展拓展了地域空间,增强了发展动能,江苏海洋经济江海联动的产业格局基本形成。特别是将原来的注重江苏沿海区域海洋经济发展延伸至沿海与沿江、沿海与沿线、沿海与沿河多点、多线生产力布局空间,破解了原有海洋经济区域狭小、单一的生产力空间格局,将原来经济发达的苏南、苏中均带入海洋经济发展区域范畴,极大地拓展了海洋经济发展思路,调动了江苏海洋经济整体发展潜能。

4. 海洋经济新兴产业提升经济发展能级

"十二五"规划以来,江苏依托原有的丰富海洋资源、扎实的产业基础以及港产城联动的整体优势,大力发展海洋新兴产业。比如,大力发展海洋工程装备制造、海洋可再生能源、海洋药物和生物制品、海水淡化与综合利用等海洋新兴产业;加快提升海洋渔业,积极发展海洋运输、海洋会展、海洋旅游、海洋商务、海洋生态文化与休闲体育等现代海洋商务服务业开发。优化陆海、江海资源配置,引导资本、人才、技术向海洋产业集聚区域流动。顺势而为,推进连云港、盐城、南通等沿海城市的港产城联动发展,建设以区域中心城市为支撑、沿海综合交通通道为枢纽、临海城镇为节点的新兴城镇化地区,筹备建成一批临海海洋特色小镇。这些新兴产业将依托江苏原有的海洋资源和产业基础快速崛起,改善江苏海洋经济一、二、三产业结构,提升江苏海洋经济发展能级。

5. 海洋文化旅游产业开发方兴未艾

海洋文化旅游业一直是江苏海洋经济发展的主打产业之一。江苏实施沿海大开发战略以后,全面强化了沿海区域的生态文明建设,保护原有的生态和文化资源,先后出台了江苏沿海生态文明保护规划、旅游发展规划等,保护海洋生态文化旅游资源,使得江苏海洋文化旅游产业跃升至新阶段。如连云港的"游大海,尝海鲜,登花果山"文化旅游线路,盐城的国家级丹顶鹤、麋鹿自然保护区,南通的濠河夜游等在全国均具有影响力。江苏还主推文化创意产业、全域旅游战略和"互联网+旅游"的发展思路，使得江苏海洋文化旅游成为江苏海洋经济转型升级的助推器和新动能。至2016年底，江苏文化产业增加值为3488亿元，约占全省生产总值的4.97%；行业从业人员超过220万人，规模以上文化企业6800多家，总资产规模、主营业务总收入均突破1万亿元，初步具备支柱性产业形态。根据中国人民大学发布的中国省市文化产业发展指数（2016年）排名，江苏排在了第三，仅次于北京和上海。同样，江苏旅游业也成果丰硕，2016年总收入首次突破万亿元大关，达10 263亿元，同比增长13.4%；旅游业增加值占全省生产总值比重达6%，旅游业已成为名副其实的重要支柱产业。

（二）江苏海洋文化产业发展存在问题

尽管，江苏海洋经济发展较快，但是，就江苏海洋第三产业来看依然有未尽如人意之处，存在以下几个方面的问题和短板。

1. 传统海洋文化产业思维制约行业发展

江苏是海洋大省，但是不是海洋强省，究其原因，主要还在于开发和发展海洋文化产业的思路相对落伍，关注第一产业，注重第二产业一直是地方政府发展海洋产业的主导型思路。比如，2009年，国家批准的《江苏沿海地区发展规划》中将江苏沿海区域定位为：我国重要的综合交通枢纽，沿海新型的工业基地，重要的土地后备资源开发区，生态环境优美、人民生活富足的宜居区，体现出明确的倾向性。在发展海洋产业过程中，海水养殖、远洋捕捞、船舶制造、港口物流一直是行业发展的主角，而对于海洋生态利用、海洋旅游、海洋休闲、海洋生物、海洋文化等产业形态的开发利用重视不够，且由于海岸有效利用资源稀缺，海岛、海滨、海滩、浅海等区域的海洋文化旅游产业开发相对滞后。比如，连云港前三岛，早在20世纪80年代就开始了海珍品养殖和开发工作，也是天然的"江苏鸟岛"，但至今起色不大，未形成规模化产业和整体性效益。再比如，在21世纪前后，江苏沿海、沿江部分区域进行了掠夺性、污染性开发，重经济效能、产能，轻生态保护和绿色开发，一些原本适宜开发文化旅游产业的资源损害严重，丧失殆尽，目前要想发展或是投巨资恢复，或是根本无法修复，绿色发展的基础和本源不复存在。还比如，连云港的滨海基岩质浅滩、岸线渔业民俗资源、燕尾港镇、堆沟港镇化工园区、长江沿岸流域的大化工园区等，这些都制约了海洋第三产业的发展。

2. 海洋经济结构较全国整体发展存在差距

在经济发展过程中，地区各产业的构成比例直接影响对其当地经济发展的贡献率。由于区域性价值取向和产业思路的误区，江苏海洋经济中现代海洋服务业发展与全国比较还有一定差距。2009年《江苏省沿海发展规划》中明确提出形成以现代农业为基础、先进制造业为主体、生产性服务业为支撑的产业协调发展新格局。但是经过两年多发展，产业结构还未彰显其优势。2015年全国海洋生产总值64 669亿元，其中，海洋第一产业增加值3292亿元，第二产业增加值27 492亿元，第三产业增加值33 885亿元，海洋第一、第二、第三产业增加值占海洋生产总值的比重分别为5.1%、42.5%和52.4%。而2015年江苏省海洋产业生产总值为6400亿元，其中第一产业增加值为288亿元，第二产业增加值3037亿元，第三产业增加值3081亿元，占比分别为4.5%、47.4%和48.1%，海洋服务业刚刚首次超过海洋第二产业，但占比比全国平均值低了4.3%，比江苏自身的地区生产总值的第三产业比值也低了0.5个百分点，差距是显而易见的。

3. 海洋产业综合创新创意能级相对较低

海洋产业主要包括海洋渔业、海洋养殖业、海洋船舶工业、海盐业、海洋油气业、滨海旅游业、海洋文化产业等。江苏多年来大力发展传统海洋产业，第一产业稳步增长，第二产业快速崛起，特别是在海水养殖、港口物流、船舶制造、海洋电力、海洋油气业等规模化产能行业，在多方面领先全国。如江苏省海洋工程装备产品数量和产值约占全国的1/3；海洋船舶制造居全国首位；海上风电规模全国居首；海洋沿海沿江亿吨大港数、货物吞吐量均居全国第一。而对于依托自然和生态的新兴支柱性产业重视不够，存在开发短板，比如海洋生物、生态能源、海洋旅游、海洋文化、海洋高端设备制造业等方面，更缺少横向跨界、纵向串联的海洋经济开发亮点。就海洋文化产业开发来看，一方面，在原有的海洋产业中，新型海洋服务业的业态不多，大多属于传统旅游观光型的产业业态，很少触及海洋创意文化产业，缺少一、二、三产业跨界融合的大手笔；另一方面，就海洋服务业发展需求来看，缺少现代海洋服务业的科技人才、创新机制和科研机构，江苏海洋大学依然是一个在路上的梦想，这极大地制约了区域性海洋经济创新和能级的提升。

4. 海洋产业发展不均衡依然是区域经济发展的掣肘

由于受到历史原因和地域位置的影响，江苏在区域经济发展方面历来存在发展不均衡的问题。江苏在海洋经济发展中提出了"江海联动"的发展思路，而沿海经济整体发展水平弱于沿江经济整体发展，这是一个不争的事实。而就江苏海洋经济打造的"两轴"，即沿东陇海线海洋经济成长轴和淮河生态经济带海洋经济成长轴，基本处于一个均等平衡的产业发展水平上，水陆统筹也存在"南强北弱"的态势。特别是处于海洋前沿的沿海"三核"，海洋经济发展上的差异体现为从南向北依次呈梯度下滑趋势。南通、盐城、连云港3个沿海城市，"十二五"规划末的海洋生产总值分别达到1684亿元、914亿元、642亿元。连云港的海洋经济总值比南通少了1000多亿元，本身就不在一个层级上。南通市力求对接上海、"长三角"，致力于向苏南地区看齐，其发展更侧重追求与苏南的互动，缺乏与盐城和连云港建立协调机制的动力。而盐城作为三市中心，主动东跨大海对接韩国，西接苏中，紧跟苏南，没有发挥好其枢纽联通作用，缺少与南北互动的设想。连云港则西联中国中西部，着力打造"一带一路"核心区和先导区，主动对接东陇海产业带，虽然区位条件得天独厚，但是其在海洋经济成绩上列三市最后，很难发挥龙头引领作用。三个城市的海洋经济业态各有侧重，经济基础不一，在沿海一带开发上较难构成协作战线的跨界发展格局，江苏海洋经济的不均衡成为江苏海洋经济区域协调发展的掣肘。

5. 跨界、跨区、跨行区域性海洋文化产业平台缺失

在江苏海洋文化发展过程中，已经建设了一批文化产业平台。但是，由于受到

区域行政管理体制和经济运行模式的影响，跨界、跨区、跨行区域性海洋文化产业平台依然缺失。比如，现在比较成熟的海州湾公园，丹顶鹤、麋鹿自然保护区，多为文化旅游业态，缺少海洋文化创意、动漫游戏、休闲体验、科技展示等业态的跨界产业内容；又比如，在江苏涉及海洋经济的沿海、沿江区域内，有省级文化产业示范园区10多个，但是，基本没有与海洋文化产业对接的，没有以海洋文化产业作为主打方向的文化产业园区，缺少跨业、跨行的融合机制；再比如，江苏的西游文化、海洋渔文化、淮盐文化等文化产业都涉及两地以上的行政区域，也是各地主导的文化产业内容，但是目前没有一个跨行政区域的文化产业平台，缺少跨区域的合作和打造。

三、江苏海洋文化产业平台的界定、划分和主要类型

（一）平台的界定

现代平台涉意广泛，不同人从事不同行业甚至在同一行业从事不同的方向对平台的认识和理解可能都会不同。就现代经济发展而言，经济平台是一个具有互动互交、多维立体、系统完善的经济活动空间和系统过程。它既有硬件条件，也有软件基础；既有区域协调的存续生态，也有自身规范的运行模式；既有内外联动的整体空间和现实环境，也有内外顺畅的完善运行体制机制。本研究阐述的打造江苏海洋文化产业区域性平台应该是具有现代意义，为区域海洋文化产业发展服务的经济活动空间和系统过程。

据此而言，打造江苏海洋文化产业区域性平台是江苏建设海洋强省、文化强省的重要抓手和有效载体，也是江苏大力发展文化产业的重要着力点和发展方向。在物质文明和精神文明高度发达的今天，平台一词本身拥有更为广泛的内涵和空间。它可以是有形的，也可以是无形的；可以是机制，也可以是方式和方法；可以是固定的载体，也可以是虚拟的空间和构架。既涉及江苏海洋的文化资源、名人名著、文化设施、产业园区、产业业态、文化会展等文化内容，也涉及要素汇集、产业整

合、企业集聚、金融服务等经济领域，还可能是自然、政治、文化、社会互动交流的综合体；既可以是综合性的，也可以是单体或个性化的。因此，本研究的着力点是探讨江苏海洋文化产业区域性平台的构建和打造，重点在于研讨如何运用适宜的方式方法搭建平台以及平台的建设模式和运行机理、如何发挥其功能，而非探究平台概念本身。

（二）平台的划分

纵观江苏海洋文化产业平台建设现状以及现实研究定位，我们首先需要确定平台的划分方式。平台划分是一个从简单至复杂的过程。一般比较简单的方式可以依据主题、产业、行业、范围等来划分，这种划分一目了然，比较单一；现在还可以依据经济组织、管理结构、产业联系等来划分，甚至可以以产品概念、产品品牌等来划分，既有点状平台，也有线状或网络状平台，错综复杂，相互交织，多元并存。

1. 依据主题划分

即依据文化核心内容构建产业框架和运行方式。这是比较传统的平台模式，简洁明晰，易于划分。比如，西游文化产业，徐福文化产业，张謇文化产业，丹顶鹤、麋鹿自然保护区等。既可以是人物或事物，也可以是动物、植物等，神来之笔，皆成文章。

2. 依据产业划分

即依据我国的《文化产业振兴计划》中基本确定的九大类以及后期涉及的"文化创意+"工业设计、城市设计等内容，可以划分为创意文化、新闻出版、演艺会展、广播影视、广告设计、工艺美术等以及关联的文物、书画拍卖等大类。这类平台界域宽阔，产业链成熟，文化产业特征明显，但业态比较传统。

3. 依据范围划分

即依据地域和产业两大范围划分，一是地理界域；二是产业界域。地理界域范围主要是指平台涉及或覆盖的区域，比如江苏沿海三市、江苏沿江区域、淮河流域区域、东陇海产业带等区域性平台。另一类就是创业生产的界域，比如连云港山海文化生态保护试验区、716科技创意产业园、南通赛格动漫产业基地、南通家纺创意设计集聚区、盐城串场河文化聚集区、东台西溪文怀产业园、赣榆海头赶海小镇、盐城黄尖镇丹鹤小镇、草庙镇麋鹿风情小镇、南通吕泗仙渔小镇等重点产业园区、产业集聚区、生态保护区、个性化特色文化小镇等。

4. 依据行业划分

即按照国家的经济统计归口的发展行业来确定平台，比如，文化产业、旅游产业、创意农业、休闲渔业、生态林业等。这类新型平台造就了跨界合作的可能性，具有"互联网+"的发散性思维模式。

5. 依据类型划分

经济运行是一个复杂的生产、销售、传播、消费过程。从经济组织、经济结构、运行方式、产业联系、管理模式等多重意义上来审视，平台划分本身也是多元和复杂的过程。既可以是单一形态，也可能是综合形态的；既可以运用单一划分方式，也可以运用混合划分模板。

打造江苏海洋文化产业区域性平台关键是找准文化产业之间、文化产业与关联产业之间的联系，促进产业自身与产业之间的互动和发展，准确定位，共进共享，主推发展。因此，平台划分将采取以类型划分为主体的模式展开，混合使用其他方法。

（三）主要平台类型

打造江苏海洋文化产业区域性平台将依据产业经济类型开展平台划分，同时考量平台搭建的主体、功能、作用、定位等综合因素，下面初步梳理江苏海洋文化产业平台分类。

1. 自然生态产业平台

自然生态产业平台是以江苏海洋经济中的自然生态、生物资源、历史文物和人文积淀等为基础要素而创建的产业平台，比如，连云港海州湾海洋公园，盐城麋鹿、丹顶鹤保护区，南通吕泗渔场，淮河流域饮食文化，镇江三山文化区等。这类平台以地理和自然状态为主体，定位准确，基础扎实，起点明确，开发主体归属明晰，一般以保护性开发为主，产业平台结构比较单一，文化产业升值空间较大。

2. 名人名产产业平台

名人名产产业平台是以江苏区域内与海洋文化有关联的名人、名著、名品作为构建平台的基本要素，借助内容优势及其知名度进而逐步开发，形成文化产业集聚平台或产业链。比如，连云港的徐福文化、镜花缘文化、紫菜文化；南通的张謇文化、蓝印花布文化、海门山歌；盐城的红色文化、海盐文化；南京的海丝文化；淮安、扬州的运河文化，镇江的白蛇传传说等。这类平台凭借这些名人、名著、名品的传统文化历史积淀，再加入现代创意文化元素和技巧，精准、快速地融入现代文化的消费市场，具有定位准、启动快、效益明显的优势，开发中往往不受限制，想象空间较大，易于开发、建设区域性文化产业平台。

3. 生态博物馆产业平台

生态博物馆产业平台是一种新型的产业平台。既可以依托现有的传统类型的博物馆，也可以开发全新业态的博物馆。这种产业平台主要是借助原有的历史文化积淀，加入现代元素，运用创意文化产业思路开发形成的。比如，连云港的海州五大宫调、淮海戏生态博物馆，盐城的中国海盐博物馆，南通的濠河博物馆群，镇江西津渡文化街区等平台载体。过去这类产业平台往往受制于文物保护、空间区域、地域位置，很难形成大规模的产业开发机制。随着博物馆管理和利用的现代化和文化创意产业概念的引入，这类平台开发空间逐步拓展，产业潜质得到一定显现。

4. 会展论坛产业平台

会展论坛产业平台是一种常规性的长效文化产业发展平台。它以区域性的海洋文化产业展示活动、论坛活动为载体，通过活动汇聚产业要素，培育产业品牌价值，构建企业之间的商贸活动机制，逐步构成长期、多元、可持续的专业性产业平台。比如，江苏苏北区域印刷行业联谊会、江苏苏北非物质文化遗产展示会、江苏农业国际博览会、连云港"一带一路"国际物流产业博览会等，都是打造海洋文化产业平台的重要载体。

5. 品牌聚合产业平台

品牌聚合产业平台是由区域性企业和区域性活动逐步聚合形成的主体性专业产业平台。这类平台可以以某种品牌产业、品牌产品、品牌名称、品牌业态为主题，确定为搭建平台的核心内容和联系纽带，汇聚产业要素，形成产业动能，最终搭建起产业发展的平台。比如，江苏沿海比较知名的淮盐，其产业影响力基本覆盖大半个江苏，涉及连云港、盐城、南通、淮安、扬州、苏州等区域。近期江苏开展的世界文化遗产申报中，除了大运河、海上丝绸之路等专题以外，淮盐产地连云港入选遗址保护地。同时，淮盐生产制作技艺是国家级非物质文化遗产保护名录项目，淮北盐民习俗入选江苏省非物质文化遗产保护名录，盐城建成了中国海盐博物馆、扬州留有历史上的盐商会所等。从产业发展视角，综合利用这些文化资源，集聚文化产业要素、打造海洋文化产业平台是非常有效的品牌之一。

6. 区域性文化产业平台

建设区域性的海洋文化产业平台，既要有一定的空间覆盖范围，也要形成跨区域、跨业态的产业发展机制。区域性的文化产业平台可以是归属于一定的行政区划，也可以专注于某一个行业和业态。平台构建时需要充分考量平台内部与外部的协同和联系，考量平台内部产业要素的互动渠道、关联脉络，也要注意产业发展与地域自身自然、生态、城市和社会发展的契合度。比如近期江苏提出的特色文化小镇建设。在此建设发展中，涉及海洋文化的小镇也有不少，比如连云港的海头赶海小镇、连岛海滨风情小镇、新集镇稻渔生态小镇、小伊乡藕虾休闲小镇、高公岛渔业风情小镇；盐城的黄尖镇丹鹤小镇、草庙镇麋鹿风情小镇、九龙口镇荷藕小镇；南通的吕泗仙渔小镇、仇桥镇水乡风情小镇、闵桥镇荷韵小镇和扬州的界首镇芦苇风情小镇等。这些特色文化小镇集文化旅游、文化产业、休闲体验、农业开发等诸多元素为一体，都是重要的区域性海洋文化产业发展平台。

7. 创意园区产业平台

建设以海洋文化为主题的创意园区产业是搭建江苏海洋文化产业平台，增强江苏海洋文化产业动能的最佳形式之一。它们既可以形成区域性的产业集聚要素和功能，也可以拉近海洋文化产业与关联产业、海洋文化产业自身上下游产业链的距离，完善海洋文化产业体系。江苏"十二五"规划末，全省拥有200余个文化产业园，其中国家级的示范基地16个，省级示范基地44个，其中连云港、盐城、南通、淮安、镇江、扬州等区域就有近10个。如连云港716文化创意产业园区、盐城串场河文化聚集区、中韩产业园文化街区、南通赛格动漫产业基地、南通家纺创意设计集聚区、淮安古淮河文化创意产业园、清河文化创意产业园区、扬州486非遗聚集区等。这些园区汇聚了大量文化产业要素，拥有数量众多的文化企业，产业业态覆盖传统文化、创意文化、影视动漫、工业设计、广告创意、现代科技等，为发展区域性海洋经济搭建起了高层级、系统性的文化产业链，是不可多得的文化产业平台。

8. 产业链式产业平台

产业链式产业平台是以一个专题文化产业为龙头，协同上游、下游，并延伸至多重路径的产业平台。比如，动漫产业，需要从策划、设计、制作、推广等诸多方面形成产业链系统，还需要借助关联方面的企业，横向纵向发生联系，常州动漫的发展历程就是一个很好的例证。又比如，江苏海洋文化的重点之一是西游文化，且西游文化主要内容覆盖连云港、淮安两地。连云港花果山是西游记文化的策源地，淮安是《西游记》作者吴承恩的老家，是《西游记》的诞生地；一个是景，一个是人，互为补充，相得益彰，缺一不可。没有一家可以独立自成体系的。连云港借助花果山搞文化旅游、海上休闲、创意产品、非遗开发、演艺影视等文化产业开发；而淮安则涉及文物保护、文化创意、现代旅游、动漫游戏、影视制作等诸多方面，两地协同遵循区域文化资源特点，共同打造跨行政区域的西游文化产业链平台，必然可以一石三鸟，获得1+1大于2的乘数效应，成为全国海洋文化产业链平台的最佳范本。

9. 跨界融合产业平台

跨界融合产业平台，又可以称为"互联网+"产业平台，这是现代最为时尚的文化产业平台类型。其开发的企业主体多元，涉及产业业态宽泛，合作形态不拘泥于形式。打造具有现代特色的江苏海洋文化产业区域性平台运用这种模式将产生倍增效能。比如用海洋文化资源加动漫、创意、影视、网络等文化产业新业态；也可以用海洋文化资源加渔业、旅游、体育、休闲、养老、科技等关联产业，全面放大产业视角，搭建新型的产业平台。连云港正在着力建设江苏省级山海文化生态保护试验区的文化平台。这个保护区既是非物质文化遗产整体性保护的样板，也是非物质文化遗产产业协同开发的平台，保护区内涉及的国家级、省级非遗项目40多个，其中涉及海洋文化的内容十分丰富，很多内容与江苏的盐城、南通、淮安、宿迁、徐州、扬州等市有关。这种综合性的非物质文化遗产保护区，可以从文化创意、演艺会展、动漫游艺、新闻出版、影视制作等诸多方面入手，以海洋文化为纽带，构架区域性的文化产业链、产业园区，打造江苏多元、复合的文化产业开发带，形成融汇海洋文化传承保护、产业开发的大型区域性的文化产业平台。

四、平台打造的总体战略目标和实践思路

（一）总体战略目标

以江苏海洋文化资源和产业禀赋为切入点，坚持"十三五"规划中创新、协调、绿色、开放、共享的核心理念，努力发挥江苏海洋自然资源丰富、文化资源丰厚的区位优势，积极培育海洋文化产业市场主体，开拓海洋文化产业市场空间，打造多元、跨界、绿色、综合的海洋文化产业平台，建设与之配套的海洋文化产业发展体系，做大做强江苏海洋文化产业，力争实现江苏区域海洋文化产业与全省社会、经济发展同步，确保在"十三五"规划末实现江苏区域性海洋文化产业大跨

越,海洋第三产业增加值提升5个百分点,达到全国平均水平以上,构建江苏文化产业新高地,努力实现"十三五"期间江苏成为海洋强省、文化强省的战略目标。

（二）实践思路

基于以上的战略定位和发展目标,江苏海洋文化产业区域性平台打造的总体实践思路将基于以下几点。

1. 聚焦海洋

江苏海洋文化资源积淀深厚,浩若繁星,存续良好。而打造江苏海洋文化产业区域性平台就必须以海洋文化资源为基础,落脚于海洋文化产业的发展目标。文化产业是我国新兴的支柱性产业,海洋文化产业更是我国现代文化产业发展主流和前行先导,抓住海洋文化产业发展可以调动各类产业要素,深化文化产业层级,为文化产业发展添加新动能,增强优势。聚焦海洋,更要聚焦海洋文化产业这一江苏文化产业的宝库和潜能所系,既要专注现代海洋经济发展的产业趋势、产业变革和产业新科技,更要聚力重点打造海洋文化产业发展高地,构建文化产业发展新平台。海洋文化产业是江苏海洋经济、文化产业的重要组成部分,是拓展海洋经济、文化产业发展的新蓝海。只有聚焦江苏海洋文化资源,构建起江苏海洋文化产业新平台,才能实现海洋文化资源与海洋文化产业的比翼齐飞,共荣共进。

2. 发挥优势

江苏位于我国整体海岸线的中部,区域海洋文化具有自身独特的自然禀赋和区域特点。站在全国看江苏海洋经济发展,就必须趋利避害,扬长避短,发挥优势。要实现江苏海洋强省、文化强省的发展目标,必须依托和遵循江苏自身的区域经济特点和地缘优势,抓住江苏有区域性特点的文化资源和产业优势,注重实际,聚力创新,弥补短板,着力发展海洋商务服务业、海洋文化旅游业、海洋文化创意产业、海洋生态体验休闲业等海洋经济新业态,实现江苏海洋文化产业与全国海洋文化产业的协同发展。

3. 融合区域

发展江苏海洋文化产业要消除传统海洋经济发展思路影响，融合区域产业动能，整合各类产业要素，疏通区域间的产业联系，互联互通，扬长避短，打造出一批综合性、跨区域、跨行业、跨业态的海洋文化产业平台。特别是要遵循江苏"十三五"海洋经济发展新思路，构建"一带、两轴、三核"海洋经济发展新格局，破除原有的海洋经济发展空间布局的局限，构建多点、多极、多线的海洋文化产业带和产业聚集区，纵横江海、统筹江海、联通江海、跨越江海，真正做到发挥江苏江海联动、海陆统筹的海洋经济发展特点，建设有江苏特色的海洋文化产业平台。

4. 集聚产能

江苏海洋文化产业区域性平台有多种形式和业态，需要汇聚一批专注于海洋文化产业的企业、卓越的文化产品和靓丽的品牌效能。江苏海洋文化产业平台是海洋文化企业相互融通、互鉴互学、共享共赢的空间，是海洋文化产业产品汇聚、交流、流动的载体，也是具有一定知名度的、靓丽的产业旗帜。建设江苏海洋文化产业区域性平台就是需要通过汇聚海洋文化产业的各类要素，如企业、产品、品牌等聚集产业动能，搭建起综合性、互交性、多元化的产业发展空间，为产业发展疏通渠道、构建生态、形成机制、深化能级和增强动能。

5. 尊重差异

打造江苏海洋文化产业区域性平台是在把握区域文化产业发展互动共荣基础上实现的，不可能是一马平川、均衡无垠。建设产业平台既要注重企业间发展的差异，区域产业能级上的差异，也要尊重区域经济整体发展的差异。要在尊重差异的基础上，求同共进，促进区域间的相互融合和共赢发展。江苏海洋文化产业覆盖面宽，界域广泛，即便是同质的文化产业，也存在一定的品质差异。打造平台是为了聚合产业要素和发展动能，尊重企业发展、城市发展、区域经济发展的不均衡差异，尊重相互间产业业态、产业形式、产业模式或产业机制方面的差异，才能更好地促进区域协调发展，打造切合实际、适宜发展的海洋文化产业平台。

6. 跨界整合

打造平台是一个实施资源和业态整合的过程。江苏海洋文化产业丰富多彩，各种业态竞相绽放。打造海洋文化产业平台的主要目标在于最大限度地整合各类文化产业要素资源、各类产业业态和各行各业的优势。平台是形式，成效是关键。随着现代"互联网+"思维的生发，打造江苏海洋文化产业区域性平台不仅要注重海洋产业内部融合和互动，也要关注海洋产业与其他内容的文化产业的互动共荣；既要整合各类文化产业链、产业集群、产业业态，搭建协同发展的平台，同时，也要突破行业、产业、业态等产业自身发展的限制，融合其他业界，共同发展。跨界是海洋文化产业发展的必然趋势之一，也是打造新型海洋文化产业平台的有效方式。

7. 聚力创新

在"十三五"期间，江苏提出打造高新科技创新中心的产业发展思路，聚力文化产业创新势在必行。打造江苏海洋文化产业区域性平台要坚持"聚力创新"的核心发展理念，一方面要在原有建设的文化产业平台的基础上，注重发现打造区域性平台的新载体、新空间、新业态、新模式和新机制，在创新中提升江苏海洋文化产业的能级；另一方面，要注重审视世界和全国海洋文化产业发展的新趋势，汇聚新要素，发掘新动能，创立新载体，疏导新渠道，开辟新路径，创设新平台，把握创新发展的机遇期，聚力创新，再创佳绩。

8. 保护生态

绿色发展是我国"十三五"规划实施的核心理念，打造江苏海洋文化产业区域性平台不是为了建设平台而打造，而是为了更好地传承和保护好海洋文化资源，建设新的海洋文化消费平台，为未来子孙后代享用海洋文化而提供条件、奠定基础。发展海洋文化产业是以现有文化资源存续状态和可承受力为基石，假如离开了生态优先的原则，离开了生态永续条件，离开了生态发展路径，再好的平台也无法持续下去。打造产业平台必须遵循保护生态的基础原则。

9. 有序发展

我国整体经济发展进入新常态，而稳步有序发展是新常态的主要特征之一。打造江苏海洋文化产业区域性平台的目的是给未来发展提供条件、奠定基础。打造江苏海洋文化产业区域性平台既是在原有平台基础上再提升、再创新的实践过程，也是聚合各类产业要素和产业动能再整合、再分配、再创设的过程。在此过程中，遵循经济发展客观规律，遵循打造平台的基础原则，遵循各类要素存续的相互关联，遵循现代经济发展趋势，进而有序发展是我们打造江苏海洋文化产业区域性平台的目标愿望和发展归属。

五、江苏海洋文化产业区域性平台打造的对策和路径

海洋文化产业是江苏海洋经济中的重要组成内容，也是未来江苏文化产业发展的前瞻产业和潜在动能，具有巨大的发展潜力。搭建好适宜江苏海洋文化产业发展的区域性平台将极大地推动江苏海洋文化产业增添新动能，再上新台阶。我国经济已经步入新常态，江苏海洋文化产业平台的打造也要适应新常态。依据现代产业发展趋势、发展规律，综合现代产业发展要素，建议对策和发展路径如下。

（一）保护海洋文化产业平台要素资源

江苏海洋文化资源丰沛，有着巨大的发展空间和潜力。依据我国"十三五"经济发展核心理念，绿色发展是必须遵循的基本原则，而保护地域海洋自然、历史文化资源，合理利用，确保区域海洋文化产业的可持续性，是打造未来江苏海洋文化产业平台的基石。

1. 树立绿色发展的核心理念

资源的可持续利用一直是我国近年来积极倡导的，是指导各项工作的行动指南，也是江苏现代海洋经济发展的核心价值理念，体现了江苏海洋绿色经济的本质属性。区域的海洋文化建设和文化产业发展均需要依托原有的自然历史文化存续资

源，因此，保护好原有的各类文化产业要素资源将铺就海洋经济绿色发展的基础，也是助推海洋文化产业未来发展必须遵守的底线。要牢固树立生态保护的底线意识，着眼绿色经济发展，为江苏海洋经济未来着想，确保在我们手里不再损害区域海洋文化资源。

2. 坚持开发过程中的文化资源保护

党的十八大首次提出生态文明建设，并将其与社会建设、政治建设、经济建设、文化建设等融为一体，将建设美丽中国作为实现中国梦的核心目标之一。生态文明不仅是指生态环境，也涵盖了社会生态、文化生态，不仅是意味着碧海蓝天、风景如画、人与自然高度和谐，而且也体现了生产生活与生态的天人合一、高度一致的文明形态。江苏区域性海洋文化资源历史积淀深厚，文化脉络明晰，既有共性，也有差异，拥有众多不可多得的自然文化产业要素，如渔文化、淮盐文化、湿地文化、水文化、宗教文化等；然而，再优质的文化资源只是给产业发展提供了可能，为搭建海洋文化产业平台提供基础。它们是开发文化产业的源头活水，并非全部，只有保护好，并留下来，才能为开发提供可能，为后人所使用。因此，打造江苏海洋文化产业区域性平台首先必须坚持保护第一、合理利用的基本原则，必须在保护的前提下积极利用。需要牢固树立绿色发展的核心价值理念，长期坚持绿色发展的思路和路径，保护江苏海洋文化的血脉，努力构建共有的精神家园。

（二）推进区域产业平台打造顶层设计

打造区域性的海洋文化产业平台需要破除原有文化发展空间受制于行政管理界域限制的局面，加强合作，形成协力，力推区域协同发展的顶层设计。

1. 细化落实江苏海洋经济发展规划

2016年以来，江苏"十三五"经济社会发展规划、江苏"十三五"海洋经济发展规划和江苏"十三五"文化发展规划、江苏"十三五"旅游发展规划等政策性法规都已经相继出台，这些纲领性文件从各自的角度阐述了海洋文化产业发展的思路和方向，对于未来五年江苏海洋经济发展提出了明确要求。要打造江苏区域性的海洋文化产业平台需要从具体对接中抓落实，从具体实践中搭平台，因此，细化落实规划要点是关键，要依据各类规划的侧重点和落脚点，细分海洋经济重点内容、重点产业、重点区域以及重点打造的平台，列出线路图和任务表，加快制定海洋强省、文化强省战略实施计划的工作安排，整合江苏海洋文化资源，设计产业发展重点，着力搭建江苏海洋文化产业综合平台，全面推动海洋文化产业再上新台阶，切实将江苏海洋文化产业的发展落到实处。

2. 明晰江苏海洋文化产业发展的责任主体

在我国产业发展中，区域壁垒、行业壁垒是致命的短板，海洋文化产业也是如此。文化产业隶属文化部门管辖，海洋经济归属政府海洋产业部门，海洋文化旅游由旅游部门统计，江苏还在发改委设了沿海办，专门负责江苏沿海大开发事宜，这些政府机构都从不同的角度承担江苏发展海洋经济的责任和任务。可以依据江苏海洋文化产业平台建设的方向和重点，设计协调会议制度，细化责任主体，明确各自任务，将江苏海洋文化产业的目标和任务明确起来，落实到位。

3. 制定江苏海洋文化产业发展指导性目录

可以由省发改委协同省经信委、商务厅、文化厅、科技厅、海洋渔业管理局、旅游局、体育局、农委、林业局、民政局等关联部门，共同制定前瞻性强的江苏海洋文化产业指导性目录，依据江苏海洋文化产业发展趋势，明确确定江苏海洋文化产业平台建设与发展的主攻方向，为打造可持续的新型产业平台提供指导性思路和目标。

4. 消除海洋文化产业行业间的壁垒

文化产业涉及面宽，依据国家文化振兴计划可以分为十大产业，涉及文化创意、新闻出版、演艺会展、广告礼品、版权保护、工艺美术、文物开发等，加之后来发布的文化创意产业文件中涉及的内容，还包含着工业设计、城市设计、旅游休闲、体育健身、休闲养老等行业，行业涉及面宽，区域广阔，管理也十分复杂。要打造区域性的文化产业平台，首先就是要加强省级、市级层面的区域之间、行业之间的交流和合作，破除文化产业行业壁垒，构建江苏海洋文化产业的区域、行业协调发展的局面，提升海洋文化产业的整体竞争力。

（三）深化区域产业平台管理体制改革

加快打造江苏海洋文化产业区域性平台需要进一步深化江苏文化体制改革，增强各个地区、各个行业、各个企业、各地政府之间的联系和协作，运用现代社会管理模式，变革现行的海洋文化产业管理体制。

1. 搭建区域性海洋文化产业互动协商机制平台

发展江苏海洋文化产业需要引入区域性的协商机制，通过政府、企业、行业、跨行业等区域之间的共商合作机制，增强各个地区、各个行业、各个企业、各地政府之间的联系，协同共进、协商共享，进一步扩大江苏涉海城市、行业区域之间的互动、协作、合作。通过政府、行业协会、企业、个人等多种载体，逐步组建跨行业、跨地区、跨业态的战略合作联盟或社会经济组织，努力形成多地的文化企业、行业领袖人物、行业协会、政府部门之间的良性互动和协商交流，最终形成合作互动协商机制平台。

2. 建设江苏海洋文化产业发展研究平台

搭建海洋文化产业平台需要各地、各业的智力支持，建设适宜的研究平台非常必要。可以适时倡导组织、开办多元化、互交性的海洋文化产业论坛，邀请全国，乃至世界上有影响力的个人、公司参与，深入探讨江苏海洋文化产业发展的各类问题以及解决办法，启迪思路，汇聚民智，通过专业研究团队和稳定持续的论坛机制凝聚人气和智力，整合智力资源，搭建产业发展研究平台。

3. 完善江苏海洋文化产业企业管理平台

海洋文化产业涉及面广，管理机构千头万绪，既有传统的新闻出版业、文化产业、海洋渔业管理部门的企业门槛，也有现代新兴产业、跨界产业管理的要求。特别是跨区域的文化产业企业起始条件基本一样，存续状态不一，一旦跨区域发展，还得多地备案，多地注册，多地认证，多地租赁办公地点，势必给这些企业发展带来障碍，无形中增加了企业生产成本。要进一步鼓励各类企业涉足海洋文化产业，鼓励有能力的企业多地执业，拓展业界，互通有无，互认资质，允许外地企业、民营企业，特别是中小企业在法律构架内在多地设立机构。鼓励外地企业以资本、资源、知识产权、智力能力为纽带成立海洋文化工作室、股份制公司，联合行业力量搭建新平台进行发展。

4. 改革综合性国有区域性文化企业平台

可以依据国家关于文化企业改革的时间表和任务书，进一步深化国有新闻出版、文化演艺、会展企业等现代企业运行和经营制度的改革，在原有全部改制完毕的基础上，组建各类跨界、跨区、跨行业的文化产业集团。要改革国有地方文艺企业的经营思路、运营模式、分配机制等，激活内生动力，改善外部环境，拓展市场空间，营造产业氛围，形成增长活力。要借力国家新闻出版、广播电视改革，适时组建区域性的新闻、广电集团，或参与全省乃至国内大型文化演艺、文化创意产业集团的兼并、重组工作，实现跨越式发展，搭建起新型的海洋文化产业平台。

（四）提升江苏区域内海洋文化产业基础能级

加快发展江苏海洋经济中的文化产业，打造区域性的海洋文化产业平台，提升区域内海洋文化产业能级很关键。海洋产业能级提升了，产业转型升级才有可能，搭建起来的产业平台才能具有高水平，体现出高品质。

1. 着力加快原有海洋文化产业的转型升级

在江苏海洋经济发展过程中，海洋商务会展、海洋文化创意、滨海旅游业均是江苏海洋经济第三产业中发展比较成熟的业态。因此抓住这些海洋文化产业的龙头，对加快推动海洋经济快速转型升级有着事半功倍的成效。要着力发展海洋信息服务业，积极培育大型信息服务企业，促进现有海洋信息服务向集团化、网络化、品牌化发展；要大力发展海洋文化创意产业，深入挖掘江苏海洋文化底蕴，重点扶持海洋文化创意企业，建设创意设计产业园，培养海洋文化创意人才。要积极发展会展交易服务业，提升国际会展功能，打造区域性和国家级会展品牌。同时，还要按照江苏滨海旅游发展"333"总体空间布局，实施"一大旅游品牌、三大旅游精品、十五大特色产品"建设。整体打造"江苏沿海"旅游品牌，形成滨海生态观光、神话文化体验、历史文化、红色系列等特色旅游产品。

2. 加快创新发展新兴的文化产业业态

江苏早在"十二五"期间就提出了大力发展海洋经济，坚持陆海统筹，重点发展远洋运输、远洋渔业和海洋生物医药、海洋工程机械、海洋化工、海洋旅游等产业的基本构想。随着我国经济步入新常态，产业转型升级需求提升，江苏需要进一步深化创新海洋经济发展模式，推进海洋经济供给侧结构性改革，紧跟世界海洋经济发展潮流，创立新型产业业态。因此，"十三五"期间，江苏必须以海洋科技创新为突破口，在海洋文化产业核心技术方面实现新突破，提升江苏海洋科技总体水平。比如，在海洋创意文化产业方面，加快推进海洋动漫手游、实景演艺、水下娱乐、线上海洋博物馆等科技含量高的业态开发。在海洋文化旅游方面，开发海岛旅游和邮轮经济，发展游艇旅游、海岛度假、海岛垂钓、海岛观光探险等新型旅游业态；积极开发日、韩海上旅游航线，努力拓展欧美、中亚及俄罗斯客源市场。通过科技创新着力提高江苏海洋经济发展质量和产业能级。

3. 加快海洋文化产业与新型科学技术行业的产业融合

要加快推进海洋文化产业的供给侧结构性改革，精准定位现代产业发展趋势，适应现代消费群体的新需求，注重创意，开发出现代大众喜爱的新产品，引领海洋文化消费新潮流。一方面，可以加快现代科技在海洋文化产业中的运用和利用工作，如推广现代数字化舞台技术、网络技术、数字技术、虚拟技术、移动数字技术、环保技术、仿真技术、图形图像技术、动漫制作技术和新材料技术，用现代科技创新变革传统文化行业，催生创新性江苏海洋文化产业新业态；另一方面，要加强现代海洋文化产业的科技创新和科研开发，如远程海洋娱乐、海洋游艺机器人、海洋生化、海水淡化、新能源体育运动器械、旅游潜水舱等新科技产品开发，借助新科技发展新业态，开发新产品，打造全新的海洋文化产业科技创新集聚平台。

（五）延展海洋文化产业平台的产业链

江苏各市都有自身特色的文化产业，理顺区域间文化产业的联系，整合各类文化产业资源，做大做强这些产业，进而形成个性彰显的特色产业链是打造江苏海洋文化产业区域性平台的主要抓手之一。

1. 打造富有区域个性的海洋文化产业平台产业链

在江苏海洋经济发展中，地域特点强是明显的特色之一。打造江苏海洋文化产业区域平台首先需要依托和发展富有地域特点的文化产业平台，扬长避短，凸显优势。与此同时，在文化产业领域中，江苏各行业也发展不均衡，存在差异，需要彰显优势，避虚就实。比如发展江苏的海洋文化旅游与海南相比就具有个性，主要集中在浅海、滩涂、湿地区域，发展近海文化产业比海南有优势，而发展深海文化旅游则存在短板。这就适宜打造近海海洋文化旅游产业平台。比如同为打造江苏海洋文化产业平台，连云港是山海结合的海洋文化，广阔的浅海、近海资源是其他两个市没有的；南通滨海临江而居，江海融合，既受长江文化的影响，也受到海洋文化的滋润，狼山是南通的代表；盐城位居中间，湿地文化是海洋文化的代表，既不同于连云港的山海文化，也不同于南通的江海文化，而是拥有丹顶鹤、麋鹿等生态保护区，拥有大面积的滨海湿地。同为打造海洋文化产业平台，不仅要看自身拥有的资源状况，更重要的是需要注重联通，在彰显区域性产业个性特色的基础上，搭建跨区域的产业链平台。

2. 联通具有差异化发展的海洋文化产业平台产业链

依据区域经济学发展的规律来分析，同样文化产业资源容易造成同质化竞争的态势。一方面江苏海洋经济与山东、浙江、上海易于产生发展纠葛；江苏各沿海区域同在一个屋檐下，也容易发生同质化竞争；甚至同类的文化资源和产业要素，也容易导致各个区域和企业在产业门类等方面造成同质化竞争的发展格局。因此，要善于发现差异，认同差异，用好差异，将文化差异、要素差异、行业差异转化为可以利用的产业优势，尊重差异化发展的客观现实，将产业、行业高地与中间、洼地联通起来，打通上游、下游，联通产业链，构筑差异化发展的平台产业链。比如江苏沿海三大核心城市文化产业水平本身就存在差异，要构建区域性的沿海文化产业带，需要在认同差异的情况下具体对接，而不能盲目自大，贻误了发展机遇。

3. 构建全域性的海洋文化产业平台立体产业链

文化资源庞杂而繁复，流派多样而各有特色，涉及社会、经济、人民生活等各个方面，当然也包括文化自身。就每一个文化本体而言，尽管其内容或形式均有自己的个性特质，而其整体上则存在着千丝万缕的联系，互为补充，互相促进，相辅相成。经济发展中的产业链形成是经济成熟的标志之一，海洋文化产业平台建设亦然。成熟的文化产业必然有着自成体系的，具有空间和时间跨度的立体产业链。以南通的"博物馆群"文化产业平台为例，它既是南通海洋文化的展示平台，也是汇聚了诸多产业要素的重要平台，更是江苏海洋文化产业中富有特色的区域性产业平台。博物馆群的形成和发展成熟促进了南通的文化会展业发展，同时，也包容了诸多文化产业业态，如服务于参观游览者的文化旅游、图书出版、影视制作、工艺美术品展销、非物质文化产业生产性保护等以及印蓝花布、刺绣等传习、培训和产品销售等，可谓相得益彰、"借船出海"，同样，这个区域的文化产业繁荣和发展也为博物馆群长期存续和经营提供了重要保障。

（六）厚植江苏海洋文化产业平台建设发展动能

搭建区域性的海洋文化产业平台关键是增强海洋文化产业之间、文化企业之间的契合度，纵横联合，强强联手，厚植江苏海洋文化产业要素，培育和提升江苏海洋文化产业整体发展动能。

1. 积极推进区域间的文化产业平台合作

依照区域经济发展的规律，扬长避短，凸显优势，加强区域间的经济合作十分关键。这是发展区域经济的核心要义。文化产业不是孤立于经济以外的行业，有竞争，有依存，特别是海洋文化创意产业，每个行业、业态或企业都存有自己的核心技术和关键技能，有时甚至存在巨大的技术差异，在海洋文化产业链上，一个企业不能独善其身。区域间文化产业发展也是如此。企业可以通过取长补短，互惠互利，协作共赢，降低经营成本，提高产业效率，扩大市场覆盖率。江苏海洋文化产业本身就比较强，可以通过强强联合、强弱联合、弱弱联合的发展模式，加快推进各类文化产业平台组合，开展合作，在合作中发挥优势，培育商机，协作共赢。比如淮盐文化产业。盐城已经建成了中国海盐博物馆、海盐文化旅游风貌区，开启了海盐文化的现代之旅。连云港是淮盐文化的发源地，并正在建设淮盐文化生态博览园。博览园集非遗保护、文化创意、旅游开发为一体，精心打造全新的旅游产业与文化产业的生态合作体。盐城、连云港各有千秋，通过合作，优势互补，加快提升产业发展空间。

2. 增强区域间海洋文化产业之间的啮合度

文化产业是一个大系统，这不仅体现在文化产业与社会、经济、环境等外部因素的联系，而且体现了文化产业内部各行业间的融合，同样，也表现为传统文化产业与现代文化产业、文化产业链的上游与下游、各类文化企业、各类文化业态、各类发展模式之间的关照和联系。增强江苏区域间海洋文化产业之间的啮合度，就是依据共享共赢的基本发展理念，关切江苏海洋文化产业区域之间的差异和联系，求同存异，融合发展。要进一步依据江苏海洋文化产业新布局，精心设计江苏"一带、两轴、三核"的重点产业发展思路，抓住主要的产业链，加快区域内产业的均衡化布局。要充分利用文化产业各个业态的市场优势，主动推动文化产业的供给侧结构性改革，加快提升产业和产品的转型升级。要善于统筹文化产业与关联产业的融合，运用全新的"互联网+"发展思维，深化海洋文化产业与关联产业的联系，加快推动海洋文化产业的协同发展。

3. 建设多种业态并存的文化产业集聚区

江苏海洋文化资源丰富，这为发展海洋文化产业奠定了坚实基础，推进产业集约化、规模化十分必要。比如，江苏现有省级文化产业示范园区200多个，其中江苏沿海三核区域内有6个；江苏预计在"十三五"期间建设100个特色小镇，其中涉及海洋文化产业的有12个；此外，在现行海洋文化产业发展过程中，东海水晶产业，连云港、淮安的西游文化产业，南通印蓝花布纺织品，涉及扬州、镇江、淮安、盐城和连云港的淮盐文化产业等主题文化产业，都是发展江苏海洋文化产业的重点平台，也是厚植产业要素、拥有巨大潜质的产业平台。因此，要充分发挥这些文化产业集聚区和产业高地的功能和作用，一方面提升文化产业集聚度，降低各产业之间的交易成本，方便企业的产品运输、人力使用、组织管理，拉长区域文化产业链，最终做大做强区域海洋文化产业平台。产业聚集区可做精一个文化产品，或做精一条文化产业链；还可以选择一种文化产业模式，或选择一类文化产业模式。最终做出规模，做出水平，实现区域文化事业和文化产业的同步发展。

4. 加快智慧海洋文化产业物联网平台建设

要鼓励企业加快开发区域性智慧海洋文化产业平台，充分利用江苏海洋文化资源和品牌，运用大数据、云储存、物联网、机器人等现代科学技术，建设现代海洋文化产业物联网平台，打造江苏海洋文化产业的新高地。要加快推动江苏海洋文化产业的科技创新和科技运用，积极开展江苏海洋文化产业新项目研发，整合全域内的海洋文化产业资源和企业资源，超前布局海洋文化产业科技发展，聚力创新，打造高端的海洋文化产业平台。

（七）打造地方特色海洋文化产业品牌高地

人靠一张脸，树靠一张皮，产品靠的是一个好的名声。在现代社会发展中，品牌是销售产品的一面旗帜，也是汇聚生产要素的核心。打造江苏海洋文化产业区域性平台重点借助江苏海洋文化中的品牌知名度。

1. 发挥江苏海洋产业中现有文化品牌的"羊群效应"

江苏在海洋经济发展过程中，已经树立了一些比较著名的品牌。如连云港的水晶文化、淮盐文化、西游文化；南通的张謇文化、蓝印花布文化、狼山，盐城的红色文化、汽车文化，镇江三山，淮安运河文化，南京的海丝文化等。它们作为地区发展的资源，既是软实力的内涵功夫，也是硬实力的具体体现，更是发展海洋文化产业的前提。江苏可以抓住这些文化品牌，运用并发挥经济学中的"羊群效应"，汇聚要素，示范周边，主抓品牌的聚合效应、带动效应和示范效应，构建江苏海洋地域文化产业的平台高地。

2. 提升地方特色著名品牌的产品层级

占领市场需要靠产品说话，有好的产品才能引导和主导市场消费，也就拥有了一定的市场话语权，这是经济发展的客观规律。近年来，江苏海洋文化产业中培育和打造了一批文化商业品牌，但在全国和世界上拥有一定知名度、美誉度的文化产品和文化品牌还不多，发展层级相对较低，差距较大。以东海水晶文化产业为例。东海县是中国的"水晶之乡"，也被誉为"世界水晶之都"，目前有20万人从事水晶产业，每年有2500多万件水晶雕刻艺术品行销世界各地，产业产值约60亿元，占据了东海县生产总值的1/3，占全国水晶市场份额的1/2，成为响当当的地方支柱产业，也是江苏海洋文化产业中的重要一支。然而，在世界范围内进行比较，整个东海县的水晶文化产业的产出只有国际知名水晶文化生产企业施华洛世奇产值的零头，且消费了大量的天然水晶资源。水晶产品中只有1个全国驰名商标，5个省级驰名商标。单体文化产品品牌的知名度和美誉度均比较低，品牌产品文化创意附加值比较低，产品的综合品牌效应还未得到很好发挥。同样，江苏海洋产业中的西游文化、徐福文化、江海文化、红色文化等以及蓝印花布、发绣等工艺美术产业，均需要在打造著名品牌上下大气力，做大文章。只有做大做强产业，制作出文化精品，形成品牌效应，才能逐步提高产品的市场占有份额。

（八）着力拓展江苏海洋文化产业平台界域

适应江苏海洋经济发展新常态，树立大海洋、大文化的发展思路，运用"互联网+"的创新思维，大力实践江苏海洋文化产业跨域、跨界、跨业态融合，打造江苏海洋文化产业区域性的新平台。

1. 重新构架江苏海洋经济平台建设新疆域

就江苏传统的海洋经济发展区域而言，沿海、沿江一直是发展的重点区域。对接"十三五"海洋经济发展规划，搭建江苏海洋文化产业发展的新平台，一定要破除传统空间开发思想的束缚，放大区域疆域，依照现代江苏海洋区域经济发展新格局，即"一带、两轴、三核心"的产业空间布局，重新梳理各个区域海洋文化产业的发展重点和要素资源，重新确立区域内文化产业平台建设的基础和发展潜质，重新定位，重新布局，重构区域海洋经济发展新疆域。

2. 加快海洋文化产业与关联产业的跨界融合

要抓住海洋文化产业的发展特点和地方特色，加快与海洋渔业、海洋牧业、滨海农业、林业、旅游、体育等关联行业的跨界融合，抢抓机遇，发挥优势，跨界发展。要善于将自然资源转化为文化产业资源，要善于将其他行业资源转化为文化产业动能，也要善于将文化产业与其他关联产业融合起来，联动互动，融合发展，共享共赢。

3. 力促海洋文化产业自身各类产业业态的跨界融合

正如前面所言，江苏海洋文化产业资源丰富，且文化产业自身也涉及十几个业态。要打造海洋文化产业区域性平台需要采取包容性增长的经济运行模式，聚力各类生产要素、产业要素，汇聚各类创业业态和创业主体，不仅要依托现有的产业资源，更需要最大范围地融合产业要素，运用串联、并联、网络的产业联合模式，构建宽领域、多业态、组合式的海洋文化产业平台。比如，淮盐文化是江苏典型的海洋文化产业资源，覆盖连云港、盐城、淮安、扬州、镇江等地域，其产业业态涉及工业生产、文化创意、渔业农耕、旅游观光、休闲养身、体育健康等，打造江苏区域性的文化产业平台将是一个事半功倍、举一反三的产业亮点。

六、江苏海洋文化产业平台打造的保障措施

目前，江苏海洋文化产业平台打造才刚刚起步，是一个循序渐进、逐步成长、稳步发展的磨砺过程，需要汇聚社会力量扶持和参与，更需要政府主管部门的扶持和引导。就政府管理而言，需要从组织、机制、政策、资金、人才等方面给予具体保障。具体措施包括如下几个方面。

（一）组织保障

海洋文化产业的多元、多线、多样属性决定着政府需要统筹海陆区域，以对区域文化产业平台的打造进行有效的推动和管理。一是要建立江苏海洋和文化产业主管部门的协商机制。加快推进江苏海洋文化产业发展，必须进一步加强多地海洋、文化部门和各个区域文化产业间的区域合作和组织统筹。可以建议由江苏沿海开发办倡导建立江苏海洋文化产业协商会议机制，加快对江苏海洋文化产业发展的指导和引导，及时解决跨区域、跨部门、跨行业的企业发展和产业发展问题，运用区域协商合作新机制，搭建推动区域文化产业协同发展的组织协商模式。二是要进一步加强对城市区域内部海洋文化产业工作和平台建设的组织领导。打造海洋文化产业平台，涉及诸多方面，需要各行业齐心协力，共同努力。可以加强地方政府的统筹协调，组织各地的宣传、海洋渔业、文化、新闻出版、广电、旅游、体育、农林业、海洋渔业、财政、税务、工商、规划、国土等相关部门组成区域性的海洋文化产业协调磋商机制，强化对海洋文化产业的检查、指导和督导。三是设立区域性的、多元化的海洋文化产业行业联盟平台。要依靠社会力量跨界、跨区域、跨行业，聚合海洋文化产业精英人士和企业成立区域性的海洋文化产业联盟，定期举办专题产业联谊和交流活动，互助互惠，整合专业，聚合民智，协调海洋文化产业发展。四是充分发挥行业协会的平台建设组织功能。要依托现有的各地与海洋文化产业关联的行业协会，如海洋、新闻出版、印刷、发行、网吧、娱乐、广告、影视、动漫、旅游、创意文化等，进一步发挥好行业协会在行业规划、行业协调、行业管理、行业自律、行业培训、行业标准制定、行业利益维护等方面的功能，联系行

业，联谊行业，联通行业，成为联系海洋文化产业界的桥梁和纽带，并逐步建立创意产业、演艺产业、动漫产业、非物质文化遗产保护等方面的新兴行业协会，鼓励创建交叉性的行业协会，推进行业间的资源整合和合作交流。

（二）政策保障

海洋文化产业是以海洋文化开发为主体的文化产业，既可以享受国家、省、市文化产业的各项优惠政策，也可以落实国家、省、市海洋开发的各类优惠政策，还可以对接旅游、体育、养老等方面的优惠政策。就此而言，一是要全面落实国家、省、市有关文化产业政策。从2001年至2016年，国家、中央各部门和省级人民政府出台了近100个与文化事业、文化产业、文化改革相关联，或直接指导文化产业的政策文件，内容涉及文化发展规划、体制改革、经济税收、对外开放和人才培养等方面。特别是国务院相继出台了《关于推进文化创意和设计服务与关联产业融合发展的若干意见》《关于加快对外文化贸易的意见》，以及文化部、财政部《关于推动特色文化产业发展指导意见》和中共中央办公厅、国务院办公厅印发的《关于实施中华优秀传统文化传承发展工程的意见》等一系列文件，深入研究，全面把握，准确运用，用好用足各类优惠政策。二是着力落实国家、中央各部委和江苏省政府关于海洋经济发展的优惠政策。海洋文化产业是海洋经济中的第三产业。在产业发展中，要着力落实国家、省、市关于海洋经济文化产业的各项优惠政策，梳理产业发展重点和产业扶持导向，通过政府出台的财政、税收、金融等扶持杠杆，通过行业政策的引导、调控作用，促进江苏海洋文化产业平台建设又好又快地发展。三是要用好与海洋文化产业关联行业的产业政策。要充分发挥"互联网+"的产业发展优势，用活、用好与区域海洋文化产业平台关联的行业政策。如落实产学研研究、工业设计、旅游、体育、农业、渔业、城镇建设等方面的各项扶持政策，拓展产业疆域，放大产业效能，运用跨界、跨区、跨行业的产业互动，整合各类产业资源，推动江苏海洋文化产业平台建设的大飞跃、大提升、大发展。

（三）资金保障

资金是海洋文化产业平台建设的掣肘，也是加快发展区域性文化产业的重要保障之一。一是增加江苏省级文化产业引导资金对海洋文化产业平台建设的扶持份额。自2009年以来，江苏省设立了全省文化产业引导资金，支持和帮助全省发展潜力大、经济效益好、科技含量高的文化企业和文化项目，全力提升区域性的文化产业发展档次和水平。随着江苏"十三五"规划的展开和实践，江苏文化产业引导资金应该逐步从全面开花向重点突破转型。就海洋文化产业发展和专业平台建设而言，既是江苏海洋经济和文化产业发展的短板，也是江苏未来五年海洋经济和文化产业发展的潜在增长极。因此，要从全省文化产业发展引导资金中切出专门比例用于海洋文化产业发展企业和项目，促进江苏海洋文化产业快速增长，打造一批重点海洋文化产业发展平台。二是进一步加强行业性扶持资金对涉海文化产业平台建设的引导和扶持。可以提请江苏省海洋渔业局、旅游局、科技厅、体育局、农委等部门，参照江苏省科技厅设立扶持苏北科技专项扶持资金项目的模式，由江苏的海洋经济发展引导资金、旅游车友发展引导资金、科技厅科技创新发展引导资金以及农业、体育等部门的产业扶持资金中拨出专门比例，联合设立江苏海洋文化产业专项扶持资金，加大对于江苏海洋文化产业发展和重点平台建设的扶持力度，提高对江苏海洋文化产业的整体资金扶持比例，改善海洋文化产业扶持现状。三是加强海洋文化产业与央企的战略合作。自2009年开始，我国国有银行在文化产业方面的融资额提高很快。中行、建行、工行先后与国家新闻出版总署、出版集团、传媒集团签署协议，加大对新闻出版行业、企业的投融力度，总计数额达千亿元之多。江苏及地方相关部门可以抓住国有银行融资战略合作的历史机遇，与这些银行在地方的分支机构联系，积极推荐项目，争取融资额度，运用资金杠杆推进地方文化产业的快速发展。目前江苏银行服务文化产业，设立了"文E贷"专项贷款项目，专门用于扶持地方文化产业，这是银行扶持地方文化产业的典范，其他银行可以积极跟进，追踪仿效。四是搭建市场化的海洋文化产业投融资平台和机制。一方面可以借助江苏文化投资集团和文化产业发展基金公司的力量，运用项目合作形式，争取外来战略投资主体和资金，扶持具体海洋文化产业平台建设，通过市场机制促进项目的良性化发展，解决文化产业资金短缺的问题，化解资金瓶颈的矛盾。另一方面，可以支持组建区域性的文化产业信贷融资担保公司。可以采取政府财政支持引导和参股，鼓励民营资本、海外资本加盟的方式，组建区域性的文化产业信贷融资担保公司、投融资公司，逐步构建市场投融资机制，克服初期开发的资金瓶颈，为文化产业项目建设寻求资金保证。要特别注重重点海洋文化产业平台的资金扶持，保持可持续性供给，形成资金保障机制。亦可以联合银行或信托投资公司，采用政府财政参股的方式组建专门的投资基金，搭建商业投融资平台，运用市场机制，解决市场资金问题。

（四）智力保障

海洋文化产业是我国文化产业中的新蓝海，要想打造高水平的海洋文化和产业平台，人才是关键。需要更多有才华的专业人才和更高的智力扶持。一是进一步强化海洋文化产业知识产权和文化品牌保护工作。科学技术是重要的生产力，而知识产权保护是现代科技发展的基本保障。要进一步加强各个文化产业间的协调合作，一方面，充分利用现有的文化资源，如南通的印花布，连云港的东海水晶、黑陶，盐城的发绣，扬州的玉雕、木雕等，加快建设区域性的版权保护中心，防止地方特色的文化产品在本地市场恶性竞争；另一方面，积极提升各市地方文化产业品牌产品科技水平和创意能力，通过产业规划、产业引导、资金扶持，创作和生产创新性强、科技含量高、带动能力大的品牌文化产品，为地方文化产业产品进入国内外主流市场创造条件。二是培育海洋文化产业的专业技术工匠。中国传统海洋文化中，拥有熟悉海洋文化的专业技术工匠是文化产业发展的基础，也是海洋文化得以传承和保护的根本。而发展海洋文化产业、打造海洋文化产业平台都离不开一大批熟悉海洋文化和专业技术的海洋文化人才。一方面诸多传统海洋文化产业需要熟悉产业技能和技术的文化工匠；另一面，这些文化工匠既可以传承产业技能，也是汇聚产业要素的基础，具有产业领袖人物的地位和功能。围绕江苏海洋文化产业发展的重点，有计划、有步骤地培养文化技术工匠，将有助于未来海洋文化产业的开发和利用。如淮盐制作技艺、渔业生产技艺、黑陶制作技艺、蓝印花布扎染技艺、发绣技艺等。三是搭建海洋文化产业工匠传承教育培训平台。开发海洋文化产业需要一批富有特殊技能的能工巧匠，他们植根于民众中，发挥着不可替代的作用。但是海洋文化产业中一部分属于传统文化技艺，技艺传承和繁衍是当下发展的掣肘之一。要用好这些技能技巧就需要开展系统、长期的技艺培训，需要搭建一个稳定的技艺传承教育培训平台。可以采取政府补贴的方式开设专题培训班，通过以老带新的方式，稳定、持续地培养新一代的时代文化技术工匠，通过传统文化技艺培训和传承搭建区域海洋文化产业的新平台。四是构建海洋文化产业领军人才平台。参照国家科技奖的相关做法，确定和树立江苏海洋文化产业领军人才以及关联的创意创新人才、专业技术人才和经营管理人才，设立文化产业领军人才奖励资金，重点扶持海洋文化产业领军人物的产业项目，为海洋文化产业人才脱颖而出，健康成长提供条件。五是加快培养亟须的现代海洋文化产业科技人才。鼓励区域内的文化企业、文化主管部门、文化研究单位与高等学校合作举办研修班、培训班，分批培养地方现代海洋文化产业亟须的专门科技人才。鼓励政府部门、科研机构、企业与高校联合建立文化产业人才培养基地和创业基地，加快海洋文化产业科技人才培养的本土化，提高文化产业人才的实际操作能力和管理能力。鼓励在有条件的文化企业设立海洋文化产业专业研究机构，或海洋文化产业研究所，提高区域内文化产业的理论水平，培养海洋文化产业的理论人才，为未来海洋文化产业平台建设提供智力支撑。六是给予特殊、亟须人才以特殊政策和优厚待遇。对于一些海洋文化产业急需的专门人才，可以比照科技人才引进政策和科技留学归国人才政策，加大引进力度，促进高端文化产业人才的就业和创业。

江苏沿海传统渔村文化保护与开发

一、引言

我国传统乡村文化的保护开发已经上升到国家级战略层面，这是江苏沿海传统渔村文化保护与开发研究的最重要政治背景。2013年中央城镇化工作会议提出，"在促进城乡一体化发展中，要注意保留村庄原始风貌，慎砍树、不填湖、少拆房，尽可能在原有村庄形态上改善居民生活条件"。同年，我国发布《国家新型城镇化规划》，标志着传统村落保护上升为国家战略。江苏沿海村落是我国东部沿海地区传统村落的重要代表，传统渔村是传统村落的基本形态，积淀了我国沿海地区海洋文明的历史特色，拥有丰富的资源和环境条件，具有深厚的历史、艺术和科学价值。

在都市化浪潮惊涛拍岸的当下，传统渔村文化遭遇前所未有的冲击，甚至面临再不保护就来不及的严峻局面，是江苏沿海传统渔村文化保护的重要的现实背景。沿海渔村是乡村的重要组成，我国从新型城镇化的角度上，积极推进乡村文化建设，既出于我国新时期乡村发展的需要，同时，也与我国乡村在城市化进程下遭遇到前所未有的冲击直接相关，由此成为江苏沿海传统渔村文化保护与开发的另一个重要现实背景。相关部门统计数字显示，2000年，我国自然村总数为363万个，到2010年锐减为271万个，每天至少消失100个村落；2005年存量为5000个的古村落，到2013年只剩不足3000个，数量仅占全国行政村总数的1.9%，其中，有相当一部分是沿海传统渔村，从这些数字上看，包括沿海渔村在内，我国传统村落保护已经到了"再不保护就来不及"的生死存亡时刻。2003年，著名作家冯骥才正式发起中国民间文化遗产与古村落的抢救工程，在他看来，"每一分钟，都有文化遗产在消失。再不保护，五千年历史文明古国就没有东西留存了，如果我们再不行动，我们怎么面对我们的子孙？"传统村落，承载着历史的基因，是许多人儿时的家园。著名导演吕克·贝松说过一句话："童年是人类的父亲。"从这个意义上说，村落就像是"人类的父亲"。按照冯骥才的观点，我国的物质文化遗产最大的是长城，而非物质文化遗产最大的就是村落。我国的很多传统村落，在他看来，就像一本厚厚的古书，还没有来得及翻阅，就已经消亡了。江苏沿海传统渔村也面临着数量锐减的严峻问题。

全面推进江苏沿海地区产业升级，改变单一的传统渔业捕捞生产方式，加快文化资源深度开发，促进文化软实力发展，是江苏沿海传统渔村文化保护与开发的经济背景。提升江苏沿海传统乡村形象，增强江苏省文化软实力，急需对江苏省传统文化乡村进行系统、深入地梳理与论证。为此，需要跳出江苏沿海不同地区单打独斗的分散状态，开启全省沿海地区乡村的文化资源梳理、形象定位的大视野，不能停留在大而空的口号宣传层面上，而应该进一步明确、彰显江苏沿海传统渔村文化形象，以此作为提升江苏沿海地区文化软实力、乡村文化创新的战略契机。学界提出当前我国城市发展模式正面临着从"经济型城市"向"文化型城市"转型发展的过程，如果从乡村文化的角度上看，当前我国沿海地区乡村文化也面临着从"经济型乡村"向"文化型乡村"转变的阶段。单就江苏沿海地区而言，从经济产业结构和模式上看，传统渔村生产方式无疑在向经济型渔村生产方式转换，但是，从文化层面上看，江苏沿海渔村文化也面临着从"经济型渔村文化"向"传统型渔村文化"回归、保护与开发的过程。

江苏沿海渔村文化资源特别丰富的现状，对于保护工作来说是一柄双刃剑。文化资源的丰富便于明确保护对象，而"家底子太厚实"也不利于甄别筛选。虽然这使得在江苏沿海传统渔村文化资源保护上，固然不必担心"巧妇难为无米之炊"，但是，也产生了"米太多让巧妇无从下手"的窘境。更重要的是，传统渔村文化资源保护既涉及空间、经济等基础性的硬件条件，也牵涉到行政、管理和公共服务等基本的制度环境，还关系到人的保护意识、审美观念等深层次的主体要素，对此，在肯定江苏沿海传统渔村文化资源保护取得成就的同时，也需要清醒地认识遭遇到的困境。

二、江苏沿海传统渔村文化保护与开发发展现状

（一）纳入保护名录的数量少

当前纳入我国传统村落保护名录的数量，江苏省较之其他省份太少，江苏沿海渔村较之省内其他地区少之又少。

2011年，住房和城乡建设部、文化部、财政部联合启动了中国传统村落保护工作。自2012年开始，公布了我国第一批（646个）、第二批（915个）、第三批（994个）和第四批（1602个）中国传统村落名录。仅在2012年，全国共登记上报了11 567个传统村落，纳入保护名录的仅为1/5，再加上符合条件但尚未申报的传统村落，我国传统村落保护数量仍然太少。第一批入选名录中，江苏只有26个村落入选。在海岸线长达954千米的江苏沿海连云港、盐城和南通地区，第三批入选传统村落保护名录的仅为3个（南通2个，盐城1个），仅为全省的10%。2016年公布的第四批全国入选传统村落共1602个，江苏省只有2个传统村落入选，同期的浙江省入选数量高达225个。这与当前江苏发展沿海经济圈的战略明显不协调。

事实上，江苏沿海传统渔村数量众多，具有典型的海洋文化形态，江苏沿海经济发达，具备了以经济乡村支撑文化乡村建设发展的条件。如，从2012年起，江苏组织开展了"江苏最美乡村"推选活动，"江苏最美乡村"创建已成为省农村精神文明建设的响亮品牌，在已经评选出来的众多乡村中，就包括了江苏省沿海地区的许多美丽渔村。这些渔村文化不仅拥有雄厚的经济基础，更拥有丰厚的文化资源，属于江苏沿海传统渔村文化发展的排头兵，完全具备了入选我国传统村落保护名录的条件。

（二）当前基础理论研究、学理论证太薄弱

对传统渔业村落如何保护与开发、保护与开发什么、保护重点以及开发要达到

什么样的保护效果，目前还缺乏系统科学的理论研究，甚至对哪些传统渔村应该纳入保护体系，传统渔村与一般传统村落有何差异等，这些基础问题都没有厘清，因此往往导致传统村落认定上的"随意性"，保护上的"粗糙性"，开发上的"破坏性"等问题。这些问题在江苏沿海村落保护与开发中也普遍存在。

由于传统渔村文化的保护与开发，更直观地表现在渔村物质文化层面上，这往往导致人们对渔村文化保护与开发的认识，更多地停留在现实实践方面，过于倚重渔村文化基础设施的实践开发，忽视基础理论研究，认为基础理论没有作用。学界研究已经表明，基础理论的学理性论证，是实践展开的逻辑前提，理论论证的缺失，将直接导致现实实践方面的"摸着石头过河"现象的发生，无法保证实践方向的科学性、客观性和前瞻性。当前国内在传统乡村文化保护方面，之所以出现盲目照搬他人经验或肤浅化套用的问题，在很大程度上都与学理性论证太薄弱有关系。虽然有少量的学术论文论及江苏沿海传统渔村文化，但是，高级别的刊物上有深度的、系统的理论论证，与当前火热的沿海渔村文化建设相比，仍然显得过于滞后和薄弱。

对于传统乡村文化保护，学界研究者指出，要进行正确的保护，先得明确保护的内容，即：保护什么？住建部门强调建筑，环保部门注重生态，文化部门看重文化遗产，各家各司其职，各有侧重，也都有道理。因此，传统渔村文化是一个人文生态和自然生态高度契合的有机系统，既要保护她的人文生态——包括建筑、服饰、物种以及歌舞传说、节庆民俗等非物质文化部分，同时也要保护她的自然生态——包括村落周边的山川、河流、湿地、地貌等。这些都是最基础的理论命题，如果连这些方面都不去进行系统科学全面的论证，那么，在实践中推进的渔村文化保护工作就无法避免各种问题的出现。

（三）面临生存危机

沿海渔业资源日渐枯竭，传统渔村面临生存危机，以及为了产业转型而大量开设沿海度假村，对传统渔村文化环境生态造成了"二次破坏"。

我国沿海传统渔村暴露出来的生存危机问题，是江苏沿海渔村文化现状的现实背景。国外相关研究指出，在中国整个东部沿海，过度捕捞逐渐成为一种危机，海鳗和鲅鱼等曾经很常见的物种如今陷入匮乏。在受冲击比较严重的地区，政府试图促进旅游业的发展，将之作为渔业的替代。政府鼓励村民带旅游团，经营旅馆和餐馆。江苏省沿海地区渔村文化也面临着同样的现状：污染、过度捕捞和由全球变暖带来的海洋温度的不断上升，对江苏省沿海的渔业资源造成巨大威胁。有的地方政府为了振兴地方经济、减少对陈旧产业的依赖，不得不对捕捞进行限制，同时，试图通过建造度假村的形式实现渔村文化产业的转型。旅游业可以推动国内中产阶级对江苏省沿海渔村的旅游消费，但对海鲜的高需求也对环境造成了破坏。更严重的是，沿海度假村产业模式的泛滥，导致产业结构形式单一化，渔村文化内涵建设匮乏，渔村文化旅游肤浅化为"农家乐"模式的吃喝玩乐，不仅没有起到保护、传承渔村文化的作用，反而是对渔村文化的"二次破坏"。

在渔村文化保护方面，人们往往关注"不保护""等保护"的问题，往往忽视"保护就是破坏""保护越多，破坏越严重"的问题。历史上遗留下来的江苏沿海传统渔村文化资源，经历了数百年甚至上千年的风风雨雨，损毁情况一般较为严重。特别是渔村建筑文化资源，其物质形态的损耗更为明显。如果不及时进行保护，许多资源有可能从此消失。

级别不够高，国家划拨保护经费太少，文化资源就任由"露天暴晒"；级别升高，国家重视，保护经费充足，文化资源就可以"遮阴纳凉"。从表面上看，这是江苏沿海渔村文化资源保护中的个案；从深层上看，当前江苏沿海渔村文化资源保护普遍面临着这样的困境。既然江苏沿海渔村文化资源如此丰富，国家保护经费就显得"僧多粥少"，不可能做到每一处文化资源都获批国家级的待遇，那么，如何去保护尚未申报、正在申报的"国字头""世界头"的文化资源，以及没有申报、申报"国字头""世界头"失败的文化资源，一味等待国家经费到手再去保护，之前让文化资源处于不保护和等保护状态的做法，都是对文化资源保护工作的一种漠视。这无疑是当前江苏沿海渔村文化资源保护亟待摆脱的一大困境。

"二次破坏"具体表现为"伪保护""破坏性保护"。江苏沿海渔村文化资源需要多种保护措施来"设防",但是,设防必须以合理、规范和科学为标准,违背了这个原则,就变质为一种"伪保护",不仅无法起到保护文化资源的作用,还会造成"二次伤害",最终成为"破坏性保护"。一个值得关注的现象是,许多文化资源不被列入保护对象,往往处于一种"温水煮青蛙"的"渐进式消亡",一旦地方政府、媒体和公众的关注更频繁,破坏的程度就更严重,消亡的速度也更快,从而演变为"沸水煮青蛙"的"突然死亡"。一方面,江苏沿海传统渔村被确定为保护区之后,便进行过度的旅游开发,修建许多与村落不协调的旅游服务设施,严重影响古村落景观,片面地去开发它的经济价值,按照某些肤浅的审美趣味加以改造,传统的民间手工艺制作大量机械复制;另一方面,有些渔村文化保护与开发是为了追求经济效益而刻意营造一些与当地民俗差异很大的"伪民俗",甚至错误地认为越原始、越落后、越怪僻就越能吸引人,把历史上某一时段的民俗或部分地区的民俗作为当代全民族的习俗。

三、江苏沿海传统渔村文化保护与开发发展问题

(一)传统渔村保护工作的政策制定缺乏系统性,受到地方经济发展影响较大

目前,江苏省在申报中国传统村落保护方面仍比较落后,与同样位于东部沿海省份的浙江相比,江苏申报的数量还是偏少,这在很大程度上,与政策意见出台不系统有关,同时,也与东部沿海乡镇企业虽然发达但对保护不重视有关。2016年浙江省政府出台的《关于加强传统村落保护发展的指导意见》,提出全面加强传统村落文化遗产保护,合理利用,适度开发,努力实现传统村落活态保护、活态传承、活态发展的目标。要对传统村落全面普查建档,加快建立全省传统村落数据库,建立健全有利于传统村落保护发展的各项机制。并明确提出了2017年底前,浙江列入国家、省和地方名录的传统村落数量分别达到400个、1000个和2000个。同时,每年选择100个左右的传统村落开展重点保护。这些都大大推动了浙江传统村落保护与开发的进程,相比之下,江苏沿海传统渔村文化保护的相关意见仍然不够,需要

进一步细化和深化。在申报的数量上，浙江一直在沿海省份中领先，主要原因在于浙江旅游业发达，东部沿海地区充分利用了这一资源。

（二）传统渔村文化保护重物质文化、轻审美文化，保护模式和手段功利化、粗糙化、单一化

传统渔村的保护与开发，可以通过多种途径得以实现，但是，从目前来看，物质文化保护由于具备"摸得着，看得见"的"更顺手"特征，所以做得比较好，很多投资和建设都用在这个方面。这固然是江苏沿海传统渔村文化保护与开发不可缺少的内容，甚至是最基础的"硬件"建设，但保护规划同质化、保护主要目的用于商业开发，过于功利、短视，渔村文化内涵方面的"软件"建设匮乏，由此导致偏重"硬件"，忽视"软件"的保护不平衡问题。如连云港、盐城、南通三个城市的沿海渔村中，纯粹依靠捕鱼维持生产的乡村数量日渐减少，从业者数量逐渐下降，渔村文化保护大部分停留在简单而粗糙的建设设施改造维修、重建上，保护模式和手段单一，开发方式简单粗暴，文化内涵和价值建设基本上处于"粗制滥造"阶段。对此，学界研究者指出，仅仅从当前传统乡村文化举办的节庆活动来看，其运作模式还有有待改进的地方，组织策划也有有待完善的地方，还一定程度地存在"为办节而办节"的问题，市场化、商业化程度不够，群众的主体性没有得到很好地发挥。这些在江苏沿海渔村文化保护和开发过程中，都应该引起足够的重视。

（三）传统渔村文化内涵提炼上的"简单化"和形态上的"粗放化"

在城市化浪潮严重冲击乡村文明的当下，保护沿海传统村落还具有"让城市融入大自然，让居民望得见山、看得见水、记得住乡愁"的现实人文价值。但是，江苏沿海传统村落保护工作，从内涵上讲，理想的保护模式，应包括空间形态合理拓展、文化传承创新，但受重经济轻文化、重物不重人等的影响，"同质竞争"、缺乏特色和创新，已经成为影响传统村落保护质量的主要问题。模式比较简单，总体上是"渔村模仿乡村"，自己的资源禀赋和特长没有发挥出来。对于江苏沿海渔村文化内涵深层结构、精神特征缺乏提炼，同为江苏沿海的连云港、盐城、南通三个

区域的渔村文化差异性比较研究仍为空白。许多渔村文化保护上照搬国内其他沿海地区的模式和经验，存在着内涵提炼"简单化"和形态"粗放化"的特点。

四、江苏沿海传统渔村文化保护与开发发展对策

（一）制订总体规划

制订江苏沿海渔村文化保护与开发的"整盘棋""一揽子"总体规划和战略，使江苏沿海渔村文化保护工作系统化和规范化。

渔村文化保护要特别强调顶层设计的重要性，鉴于目前江苏省沿海渔村文化保护与开发上的"零打碎敲"和"各自为战"的松散状态，我们应当尽快制定发展战略，要规划出中长期目标，要注意从总体上规划江苏沿海渔村文化保护与开发的系统性方案，把连云港、盐城和南通的渔村文化保护与开发作为一个"板块"，消除地方保护主义的割裂状态。

以上海金山区的山阳镇渔业村为例，相关报道指出，这个渔村位于杭州湾畔的金山嘴，原本是一条古海塘、一条老街坊，作为上海最后一个渔村，金山嘴渔村历经千余年的潮涨潮落。从20世纪80年代后期开始，杭州湾海域渔业资源逐步衰竭，大部分的渔民不得不告别了赖以生存的大海。除了少数村民经营酒店外，大多数村民选择了进厂或者外出务工。但是，在政府的重视和支持下，金山嘴渔村开始村庄改造，利用濒临大海的优势，寻找新的经济增长点，为了保留上海最后一个渔村的海渔文化，同时兼顾老街居住环境的改善，仿古修缮以白墙、黑瓦、观音兜的风格为主，最终展现为"移步有景，处处看景"的老街风貌。修缮后的渔村基本保留了当地渔民原始的建筑特色，力求展现老街渔村的古韵，充分展示金山嘴独特的海洋文化和民俗风貌。由此，渔村实现了从传统渔业向旅游服务业的转型。改造后的金山嘴渔村引入了文化元素，老街上开设了渔民老宅、渔具馆等颇具海洋文化特色的展馆；众多艺术家先后入驻金山嘴渔村。渔村还利用居民的空余房源发展民宿。这些民宿环境优雅清静，面朝大海，海风吹拂，别具一格。不难看出，金山区金山嘴

滨海地区渔村文化保护的最重要的经验在于，市、区、镇三级政府部门都在"顶层设计"上做足了文章，制定出相关方案，突出渔村文化的"海的特征"，做好"海的文章"。

（二）引进先进的科技保护手段，推进"智慧渔村"建设

鉴于当前我国渔村文化保护方面的简陋、落后的现状，我们应该充分发挥当代高新科技在渔村文化建设中的作用。例如，当前我国智慧城市的一些主要技术和基础设施，已经在城市化进程中得到普遍认可，并且在许多城市文化保护中得到实践，对此，渔村文化保护上也不应把智慧手段排除在外，应当大力借鉴智慧城市在物质文化保护上的经验，打造智慧渔村，实现现代科技为传统渔村文化服务的目的。南通靠近上海的区位优势和"长三角"龙头城市的技术优势明显，完全可以更多地借鉴和运用到沿海渔村文化的智慧乡村建设中去，再通过辐射的方式，对盐城、连云港等地的"智慧渔村"文化建设提供帮助。

专家指出，在挖掘智慧乡村建设需求的时候，要把握两个方面：一是满足食品安全、产业发展、村民互动等硬性的信息化需求；二是要挖掘智慧乡村建设带来的文化、环保等软环境的改变。这在江苏沿海"智慧渔村"文化建设方面，同样具有重要的启示意义：一方面，"智慧渔村"不是仅仅依靠科技智慧就能全部涵盖的，这些只是"智慧渔村"文化建设的"硬件"；另一方面，相对于智慧渔村的硬件建设，软件建设要凸显渔村文化的内涵、价值、精神特征。要把渔村文化的本职特征和深层精神结构凸显出来，嫁接在科技智慧的层面上，这才能构成真正意义上的智慧渔村。这与当前许多沿海渔村仅仅依靠蒙上一件科技智慧的外衣，就宣称建设成功的智慧渔村，有着本质的区别。

（三）塑造"文化渔村"典型文化符号，提炼江苏沿海三个城市渔村文化之间的差异性

渔村文化保护要特别强调渔村文化建设的内涵，为此，需要特别强调渔村乡镇建设中文化主题、文化内涵、文化符号、价值理念的塑造，需要进一步突出江

苏沿海渔村、渔镇建设的文化主题。渔村文化的主要特色是"渔"，不同于内陆乡村的"土"。在江苏沿海渔业文化的多样性中，既要凝聚江苏沿海渔村文化的整体特色，使之区别于我国其他沿海省份的渔业文化，打造江苏沿海渔业文化符号，同时，要提炼出连云港、盐城、南通传统渔村文化的各自特色。在这方面，浙江的经验值得借鉴。同样是我国东部沿海省份，浙江沿海渔村文化保护与开发走在江苏前面，其成功的经验是多方面的，但是，重要的一条是凸显渔村文化理念。例如，2016年，浙江省的舟山依托渔村文化内涵，创建了首个浙江历史文化保护渔村。相关报道指出，舟山市普陀区东港街道塘头村入选浙江省2016年度历史文化村落保护利用一般村，塘头村以此为契机，创建全市首个浙江历史文化保护渔村。具体做法是挖掘渔村、渔民传统的渔家风俗礼仪、起居习惯、海鲜烹饪、方言渔歌等渔业文化，努力丰富自然生态渔村建设的文化内涵，充分挖掘佛教文化、佛茶文化等与旅游相关联的特色产业，坚持村庄保护利用和休闲旅游紧密结合，把培育渔家人文休闲旅游项目作为渔家乐旅游、休闲养生发展的重点，这一举措取得了显著成效。江苏沿海渔村在文化保护与开发上，完全可以借鉴浙江沿海渔村文化保护的做法。

（四）要将沿海传统渔村文化的保护传承与创新发展相结合

学界研究者指出，渔村文化是沿海地区漫长历史的积淀，渔村文化更是渔业生活的升华。在开展传统渔业民俗节日文化活动中，除了要继承优秀传统渔业文化，保留独特的沿海渔业文化风韵外，更要紧跟时代步伐，为其输入当下新时代的新鲜血液，赋予江苏沿海传统渔业民俗节日文化以新的内涵。只有这样，传统渔业民俗节日才能更加符合时代发展的节拍，才能为更多人所接受，才能有一个更为广阔的发展舞台。当然，创新发展并不是对传统渔业民俗节日文化的否定，而是一种扬弃，是在继承和发扬其优秀、独特的地方风韵的基础上的再创造。对此，江苏沿海传统渔村文化保护过程中，需要特别注意传承与创新的关系，如何保留传统渔村文化的原汁原味，同时，又注入新农村文化理念，这才是对待、传承与保护应该采取的正确态度和方法。

江苏省滨海旅游资源价值评估与可持续发展研究

一、引言

滨海旅游是旅游业的一个重要组成部分,在沿海地区,它又是海洋产业构成中的一个很大部分。滨海旅游业是指以海岸带、海岛及海洋各种自然景观、人文景观为依托的旅游经营、服务活动。滨海旅游产业自20世纪90年代兴起以来,在旅游业蓬勃兴盛的背景下,迎来了迅速发展,成了新的经济消费热点。随着滨海旅游资源开发的不断深入,滨海旅游产品日益丰富,产业规模持续扩大。2009年,在得到国务院认可以后,滨海旅游业随之驶入快车道。据前瞻产业研究院发布的《中国滨海旅游业市场前瞻与投资战略规划分析报告》数据显示,经过多年的高速发展,2014年我国滨海旅游业增加值达到8882亿元,比上年增长12.1%,在海洋产业中的比重占到35.3%,已成为海洋经济的支柱产业。

传统价值理论观点认为资源是不存在价值的,是自然界的馈赠,因此更谈不上对其进行评估。但是从20世纪50—60年代开始,环境污染、资源紧缺、物种减少、生态恶化等一系列的问题促使人类开始重新审视对自然资源价值的认识,继而引发了学者们在资源经济学、环境经济学等多学科领域的广泛讨论。

1667年英国经济学家威廉·配第第一次使用成本-效益分析评价公共事业部门投资以及环境影响;1844年,琼斯·迪皮特(Julse Dupuit)在《论公共工程效益的衡量》中首次使用"消费者剩余"(consumer surplus)的概念,并提出一个公共项目总效益的评价标准。约翰·克路蒂拉(John Krutilla)于1967年发表了《自然保护的再思考》,成为自然资源经济学的奠基之作。随后,他又与艾斯琳·费

（Anthony C. Fisher）合著了《自然资源经济学：商品型和舒适型资源价值研究》，提出了"舒适性资源的经济价值理论"。20世纪70年代后期到80年代，旅行费用法（Travel Cost Method，TCM）被广泛应用于旅游资源的旅游价值评估中。英国Bateman（1992）应用TCM技术成功地揭示了国家森林公园旅游环境的户外娱乐价值。90年代以来，许多学者开始使用条件评估法（Contingent Valuation Method，CVM）对旅游资源的价值进行评估，并逐渐出现了将CVM与TCM结合应用的研究案例。Bhat（2003）采用TCM与CVM相结合的方法研究美国佛罗里达群岛海洋珊瑚礁资源的管理问题，计算珊瑚礁环境质量改善的经济价值。

国内对旅游资源价值的研究最早始于20世纪80年代。由于旅游资源价值可以满足人们心理或生理需求，起到了一种不可预估的作用（李雪艳，2010），无法像其他物品一样在市场中直接交易，因此很难用市场价值对其进行评估。针对这一难点，我国学者进行了诸多讨论和研究。褚夫秋（2006）认为，旅游资源属于非市场物品，很难用一般经济学方法来评价其经济价值。我们可以根据旅游资源的非排他性、共享性等特点，利用西方经济学中的价值与消费者剩余等理论来确定其经济价值。刘敏、陈田等学者（2008）认为，福利经济学中的"福利变化"和"经济价值"在使用上，两者关系紧密，有很多共同之处，甚至可以相互代替。消费者根据喜好做出购买决策，我们可以由此计算旅游价值。1985年我国学者陆鼎煌、吴章文对张家界国家森林公园进行了森林旅游价值的评估；随后研究范围进一步扩大，出现了对风景名胜区的旅游价值评估。评估中使用的定量方法有指数表示法（楚义芳，1989），模糊数学评价法（杨汉奎，1987；罗成德，1994），价值工程法（罗成德，1994），层次分析法（保继刚，1988；王红兰，李平，窦蕾，2007），综合价值评价模型法（丁文魁，1988）等。90年代，国际上流行的评估公共物品和旅游环境的TCM和VCM技术逐步引入中国。一些学者分别应用TCM和CVM对森林公园或者保护区的旅游价值进行了货币化核算（王连茂，1993；薛达元，1997；曹辉，2001；陈浮，2001；孙根年，张茵，2004；唐大昌，2006；贺征兵，2008；方金敏，2006；林媚珍，纪少婷，2015；谢贤政，马中，2006；余济云，陶善军，

2011；韩宏，马明呈等，2009；黄茂祝，徐波等，2009）。有一部分学者在对旅行费用法和条件价值法进行改进以后，再运用其进行旅游价值的评估（李巍，李文军，2003；高悦，沈昊婧等，2008；刘亚萍，廖蓓等，2012；杨永昶，2015）。也有一些学者对TCM和CMV的经济学基础、内涵、主要优缺点、步骤与方法、适用范围与条件、准确性、局限性、不同旅游地适用性等方面进行了探讨（陈应发，1996；马中，1999；刘敏，2008）。后来又出现了应用TCM对人文旅游资源的旅游价值评估（郭剑英，王乃昂，2004；詹丽等，2005）和对生态旅游价值的评估（辛琨，2005）。王喜刚（2015）在对旅游环境资源的非市场价值评价理论与方法进行初步研究时发现，非市场资源的价值和资源质量存在正向关系。随着资源质量增高，非市场资源价值也会随之扩大。

随着我国旅游业的快速发展，滨海旅游资源需求大幅度增长，这虽然带动了当地经济增长、创造了就业机会、促进了交通和基础设施建设，但同时也不同程度地破坏了滨海生态环境。并且预计在未来的几十年里，这一趋势将会继续，并很可能加速发展。旅游者的进入带来了淡水的使用量、各种废弃物和噪声增加的问题，加重了环境压力；基础设施和旅游设施的修建主要集中在海岸带，由于海陆交互带的脆弱性，可能造成海滨消失或生态系统的改变。此外，由于地缘经济的发展，海滨功能由单一功能向多职能转变，滨海开发区、养殖业和沿海港口等其他利用方式的开发使得沿海土地资源日趋紧张，滨海旅游用地面临短缺。在海岸带面临过度开发、沿海产业发展竞争引起滨海旅游资源退化甚至消失时，正确认识海洋旅游资源的经济价值，合理制定海洋旅游资源价格，科学有效地对滨海旅游资源价值进行评估，对旅游所造成的滨海环境生态资源的损害进行补偿，确保滨海资源的合理开发和有效利用，促进滨海旅游可持续发展研究显得必要并日益迫切。然而，自然旅游资源具有连通性、非排他性和竞争性等公共物品的属性，在非市场条件下难以定价。如果仅仅由直接花费，如公园的门票费等来评估，不能反映其真实价值。这种不准确的定价有可能导致旅游收入的流失和旅游资源重要性的低估，不利于海洋旅游业的可持续发展。尽管我国部分学者对旅游价值进行了评估，但大多数人仍然对旅游资源的价值构成与评估方法认识不足，应用经济学方法在旅游资源的价值评估方面还十分薄弱，缺乏深入的经济评价模型和量化指标。定量研究主要集中于森林公园、自然保护区、风景区，针对滨海旅游资源价值评估的研究较少。江苏省位于我国东部沿海，陆地边界线3383千米，海岸线长954千米，由南到北贯穿南通、盐城、江苏省三市，境内有24个海洋岛屿，海域辽阔。淤泥质潮坪海岸、滨海生态湿地、珍稀野生动物等特色鲜明，海洋动植物资源种类繁多，适宜开发各种类型的海洋观光、生态、科普、运动、休闲、度假等旅游产品，具有发展休闲渔业、特色风情小镇、旅游度假区的良好基础。现已开发的有苏马湾、连岛、海门蛎岈山海洋公园等海洋旅游自然风景区以及苏州海洋馆、南京海底世界、常州金鹰海洋世界和南通海底世界等多个知名海洋馆。以江苏省滨海旅游资源为研究对象，对其旅游价值进行评估，具有一定的经济意义。根据其价值评估的结果，提出可持续发展的战略措施，有利于滨海生态环境的补偿和保护。

二、江苏省滨海旅游资源发展现状

（一）江苏滨海自然旅游资源

江苏滨海地区地处我国沿海中北部，海岸线北起苏鲁边界的绣针河口，南抵长江口北支的启东嘴，全长954千米，土地面积约3.2万平方千米。该区域常年受季风气候控制，在海洋性和大陆性气候的双重交替影响下，分属暖温带和北亚热带两个生物气候带，年均气温13~15摄氏度，其特点是气候温和、雨量适中、四季分明，冬季轻寒，夏季暖热，全年适合旅游的时间较长。地貌主要以平原为主，地势低平，沉积类型丰富，主要包括砂质海岸、基岩海岸和淤泥质海岸。岸线中除绣针河口至兴庄河口为沙质海岸，西墅至大板艞为基岩海岸外，其余均为粉砂淤泥质海岸，占全省海岸线总长的90%以上。低山、岗地地貌主要分布在连云港市的云台山和赣榆区一带沿海地区。其岸线曲折，山海相连，海岛错落，景观富有层次感，属基岩海岸。由于地质构造、岩性的差异以及长期的海洋动力作用，形成了海蚀柱、海蚀穴、海蚀平台等海蚀地貌。盐城、南通两地的海岸线大部分是在河流、海流、波浪的作用下由泥沙堆积形成的淤泥质海岸。葛云健对江苏沿海淤泥质海岸主要湿地旅游资源价值进行评价，发现江苏沿海2个一级评价湿地旅游资源均属盐城，12个二级湿地资源，7个属于盐城，5个属于南通。另有11个三级湿地旅游资源区。植被从北向南由暖温带落叶阔叶林逐渐过渡到北亚热带的落叶阔叶和常绿阔叶混交林，滩涂植被覆盖率高，资源丰富，生物多样性显著。每年有11种国家一类保护鸟类、36种二类保护鸟类在此停留，包括丹顶鹤、白鹤、灰鹤、天鹅等珍稀鸟类。此外，海岸湿地还生活着大量的潮间带生物、浮游生物、底栖生物。工业污染较少，淡水资源充足，海水温度和盐度适中，近岸海水基本符合《海水水质标准》（GB3097—82）一类标准，各地降水量丰富，海洋的调节作用可惠及整个海岸线。这些良好的自然生态环境为江苏省发展滨海生态旅游提供了良好的环境基础，为江苏省滨海旅游的可持续发展提供了有利的条件。

（二）江苏沿海人文旅游资源

江苏沿海由连云港、盐城和南通三个市区以及赣榆区、东海县、灌云县、灌南县、响水县、滨海县、射阳县、大丰市、东台市、海安市、如东县、通州市、海门市、启东市14个县（市）组成。该地区历史文化悠久，人文资源丰富且异质性明显。历史、科学、文化、艺术价值极高，具有较高的旅游开发价值。连云港的花果山因古典文学名著《西游记》而著称于世，闻名海内外。山中古树参天，名胜古迹众多，历代文人墨客的足迹遍布山中。以三元宫为中心的古建筑群发迹于唐，重建于宋，兴盛于清，是历史上著名的香火盛地。建于北宋的阿育王塔、郁林观石刻、屏竹禅院、义僧亭、茶庵、九龙桥等都是著名的名胜古迹。渔湾曾是云台山脉延伸到大海中的一个岛，偶有渔船停泊，在明代的《云台山志》和《镜花缘》中均有所提及，被称为云台山三十六景之三潭汲浪。南通的狼山风景区曾被宋代大书法家米元章誉为"第一山"。王安石也曾在游狼山后写下了"遨游半是江湖里，始觉今朝眼界开"的诗句。山前的广教禅寺建于唐总章年间，迄今已1000多年历史，被列为中国佛教八小名山之首。山下还有鉴真东渡纪念馆、骆宾王衣冠冢、张謇墓等人文景点。此外，连云港的孔望山、连岛、宿城、前三岛鸟类与海珍品养殖观赏考察区；盐城的大丰麋鹿国家级自然保护区、国家级珍禽自然保护区、新四军纪念馆、海盐博物馆、大纵湖；南通的军山、圆陀角风景区、定慧禅寺、蛎蚜山旅游区等地都具有较高的人文旅游价值。除以上景点外，三市还有很多未能很好开发的旅游资源，例如，连云港的徐福文化、东海水晶、温泉、桃花涧、东磊；盐城的东沙岛、发阳渔村、花都森林公园；南通的海底世界、江海风情园等景区。

三、江苏省滨海旅游资源价值评估

滨海旅游资源的价值包括使用价值和非使用价值。但是，目前非使用价值评估的唯一方法是条件评估法（CVM）。CVM通过构建一种假设的市场条件，来调查消费者对环境资源的支付意愿或者接受意愿。由于前提的假设性，CVM在应用过程中容易产生各种偏差和错误，导致评估结果与事实不相符。所以本研究在进行评估时仅考虑了滨海旅游资源的使用价值，游憩价值的评估。连云港连岛和花果山风景区属于开发较成熟的5A级景区，本研究选取这两个滨海旅游景区作为案例进行资源价值评估有一定的代表性。

（一）调查问卷内容设计

问卷设计的最终目的是获得真实有效的数据信息。调查问卷的内容包括出发地区、交通方式、旅行时间、旅行费用、人口统计变量等。为采集价值评估所需的样本数据，采用问卷调查法对前来连云港旅游的消费者进行调查，并将各影响因素分为三大类。

1. 被调查人员特征

人口统计特征主要包括游客性别、年龄、受教育程度、职业、月收入水平等，此内容是问卷调查中很重要的部分。但是因为部分游客对收入以及受教育程度类的问题有些抵触，为了避免一开始面对此类问题游客会提供不够真实的数据信息，所以这部分内容放在调查问卷的最后部分。

2. 消费情况

主要包括游客的娱乐购物、住宿和餐饮三个方面。游客在景区参加娱乐项目、购买纪念品等，这些都属于景区内消费。住宿和餐饮的消费并不局限于景区内，但是由于这些消费是滨海旅游所带来的，因此我们也应将其考虑在内。个人收入水平、经济实力以及消费习惯的差异，必然导致消费者的购买力存在不同。为了充分了解游客的消费情况，进行更加准确的评估，在调查问卷中进行了相关的问题设置。

3. 交通情况

此部分内容旨在了解游客的交通工具选用情况。游客的市外交通方式主要有4种：大巴、火车、飞机或者自驾。市内交通主要有公共交通、出租车和自驾3种情况。交通费用包括市外交通费和市内交通费两部分。

（二）连云港连岛旅游资源价值评估

1. 连云港连岛概况

连岛旅游景区坐落在中国黄海边，并与海州湾相靠的连岛之上，同连云港国家级港口遥相呼应。作为中国国家级旅游名胜——海上云台山景区的一个主要分区，连岛全长达到9千米左右，整个岛屿风景绮丽，视野开阔。这里的旅游亮点非常多，有全江苏第一的非人工高品质海滩，大沙湾海边浴场；有会聚怪石、绿林、高山、海滩于一身的岛屿名胜，苏马湾绿色生态园区；有能夜闻浪腾、肤享海风的渔家行；有号称华夏首屈一指、横卧天地般的拦海堤坝；有历经时间洗礼、体现汉朝文化的海上石雕；还有水产繁多风景似世外桃源的前三岛。整个度假区风景绮丽、气候宜人。自2002年被国家评选为AAAA级景区后，连岛风景区已逐渐成长为江苏地区极具吸引力的旅游休闲地，每年旅游人次高达100余万。

2. 调查结果统计分析

课题组在为期近半年的时间里，先后分发出了上百份的连岛游客调查问卷，并通过面对面以及网络询问的形式进行随机调查，确保数据的真实性、有效性与代表性。本次问卷调查共分发问卷240份，其中，有效问卷208份，问卷的有效率为86.7%（下面的问卷数据都以有效问卷为准）。

（1）年龄：样本中年龄20岁及20岁以下有24人，年龄31~40岁有63人，将21~30岁和31~40岁两个年龄段一起统称为青年人，样本数量为97人，占比达46.6%。年龄41~50岁和51~60岁的样本数量为74人，占样本总量的35.6%，将其划分为中年人。60岁以上有13人，占总量的6.3%。通过观察我们发现，前来连岛旅游的人中，青年人占了大多数，其次是中年人。就消费能力来说，由于青年人中还有很大一部分是大学生，经济能力有限，所以真正具备完全消费能力的是中年人群体。此外，虽然20岁以下的人群和老年人经济消费能力不强，但这两类人群通常不是单独出游，同行的父母或者子女会为其付款消费购物，所以不能单以年龄的不同来对人群的消费进行划分。尽管年龄不同，但彼此间都存在一定的纽带关系。因此，年龄只能作为一个参考，不能作为必要数据条件纳入函数计算当中。

（2）性别：在本次调查样本中，男性有114人，占总样本的55%，女性有94人，占总样本的45%（图2-1）。虽然性别人数比例不同，但通过各自的消费倾向对比可以发现，性别对游客的消费行为影响并不大。

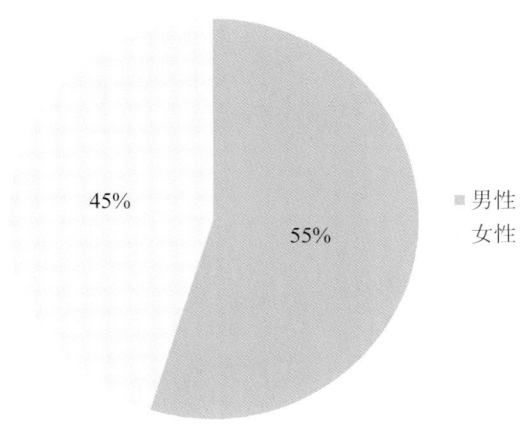

图2-1　连岛受访游客性别比例

（3）来源地：不同来源地的游客，其交通费用是不一样的，这与后期函数的计算息息相关。本调查所采用的旅行费用法是按照不同出发小区即行政区域为基本的区间划分依据，将游客划分为不同的出发小区，以每个小区为一个单位进行分析比较和计算。同时，在建立回归函数模型时，对旅游率的计算也要以每个出发小区为一个计算单位。通过对调查问卷结果的继续统计，我们可以看出，在所有连岛景区的游客群体中，江苏游客占了绝大多数，具体数据见图2-2。

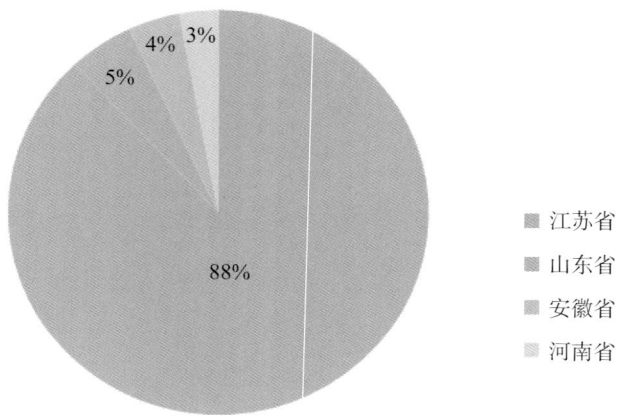

图2-2　连岛受访游客客源地占比

因此，在考虑游客的出发小区划分时，仅选取样本中的江苏游客为代表，作为客源地划分的依据。而后，对所有江苏游客的具体来源地又进行了更加细致的统计和划分。来自江苏省的样本总数为182人。其中，连云港本地游客的样本数量为21人，淮安有21人，宿迁有20人，来自盐城的有27人，来自徐州的有26人，扬州有12人，泰州也是12人，南京则有14人，而来自镇江的则有6人，南通有12人，常州有4人，无锡有4人，苏州有3人。根据数据统计分析我们发现，距离旅游地越远，游客人数越少。苏州、无锡、常州、镇江四市，其样本人数明显低于苏中地区和苏北地区（图2-3）。

第二篇 海洋生态旅游

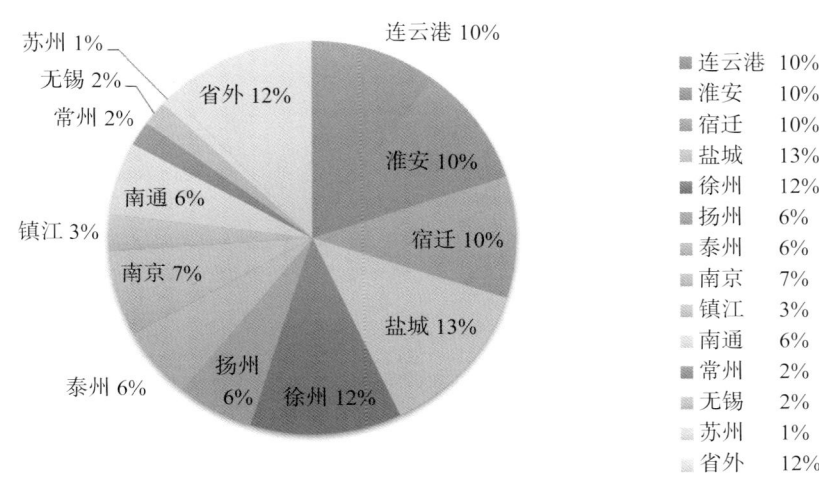

图2-3 连岛江苏省内受访游客构成比例

（4）职业：本问卷在职业栏设计了学生、老师、公职人员、私企、创业者、农民、待业者7种类别。其中，农民和待业者两种类别的人数占比较低，这主要是由于职业与收入水平有较高的相关性。学生虽然没有收入来源，但是大部分学生的消费是由父母支付，因此尽管学生没有收入，但是学生的人数占比仍然较高。

（5）受教育程度：此次问卷中拥有本科学历的人数比例最大，样本数量为72人，其次是大专学历的有47人，受教育程度为中专的有33人，文化水平为初高中的有21人，还有13人受教育程度为小学及其他，而拥有硕士学历和博士学历的分别为14人和8人。

（6）月收入水平：调查问卷统计发现，月收入水平在2000元到5000元和5000元到8000元这两个区间里的样本人数最多，其中月收入水平在2000元到5000元之间的有67人，5000元到8000元之间的有73人，月收入水平8000元及以上的有45人，月收入水平2000元及以下的有23人。这主要因为很大一部分被调查样本是还没有工作的在校学生。说明连岛景区游客的收入水平大多处于中等水平。

（7）交通工具：由于连云港并未通高铁，白塔埠机场的规模和客流量相对较小，因此江苏省内的游客大部分都是乘坐大巴或是自驾前来，仅有较少部分游客选择乘坐火车。其中乘坐大巴的样本人数为96人，自驾人数为80人，乘火车人数为6人。自驾游客的交通费用需要考虑往返的高速过路费和汽油费；乘坐大巴或火车游客的交通费用主要是车票费用。从市内交通来看，由于连岛景区位于连云港市连云区，距离市中心比较远。本市游客有自驾前往、乘坐出租车或者BRT公交路线前往三种选择方式。部分外地游客在到达连云港后，也选择在市区内住宿，然后乘坐公共交通前往连岛。

（8）娱乐购物：本次问卷调查中的娱乐购物预算仅针对连岛景区内的消费，不包括在连云港市区的消费。结合连云港本地和景区的物价水平，通过统计，问卷中对娱乐购物方面的预算处于100～300元区间的样本人数为82人，300～500元的样本人数为61人，500～800元样本人数只有39人。同时，预算处于100～300元的游客来源地大部分集中在苏北地区，预算为300～500元的游客来源地大都分布在苏中地区，而苏南地区的游客消费预算普遍高于苏中和苏北地区。所以本次调查对所有预算区间按游客来源地取平均数作为计算数据的依据。

（9）住宿：根据问卷调查，外地游客中有一小部分留宿在连云港市区内的朋友或亲戚家中，大部分游客选择在宾馆住宿。而连云港本地游客大部分不选择在宾馆住宿，只有极少部分游客选择当天在连岛附近住宿过夜。未住宿的游客住宿消费为0，本调查将其划分在二星以下及经济宾馆区间内。具体各区间样本住宿消费情况见表2-1。

表2-1 连岛受访游客各区住宿情况

出发地	二星以下及经济宾馆（人）	三星宾馆（人）	四星宾馆（人）	五星宾馆（人）
连云港	17	0	4	0
淮安	10	8	3	0
宿迁	12	8	0	0
盐城	8	12	7	0
徐州	10	10	6	0
扬州	4	4	4	0
泰州	2	2	8	0

续表2-1

出发地	二星以下及经济宾馆（人）	三星宾馆（人）	四星宾馆（人）	五星宾馆（人）
南京	0	2	8	4
镇江	2	0	4	0
南通	0	6	4	2
常州	0	0	2	2
无锡	0	0	2	2
苏州	0	0	0	3

（10）餐饮：调查问卷发现，游客对餐饮地点的选择相当多样化，从街头小吃到特色餐厅、星级酒店，游客餐饮的消费支出差异较大。根据连云港本地的消费水平，街头小吃人均价格为40元左右，特色餐厅人均价格从100元到150元不等，星级餐厅在200～300元之间。调查统计结果显示，各区游客并无明显的餐饮消费倾向和差异。

表2-2 连岛问卷调查数据汇总

项目类别	类别细分	样本人数（人）	样本占比（%）
性别	男性	114	55
	女性	94	45
年龄	20岁及20岁以下	24	11.5
	21岁到40岁	97	46.6
	41岁到60岁	74	35.6
	60岁以上	13	6.3
来源地	江苏省	182	88
	山东省	10	5
	安徽省	9	4
	河南省	7	3
受教育程度	研究生及博士	22	10.6
	本科、专科	119	68.8
	初高中、中专	54	10.1
	小学及其他	13	10.5

续表2-2

项目类别	类别细分	样本人数（人）	样本占比（%）
月收入水平	8000元以上	45	21.6
	5000~8000	73	35.1
	2000~5000	67	32.2
	2000及以下	23	11.1
交通工具	大巴	111	53.3
	自驾	85	40.9
	火车	12	5.8
娱乐购物	100~300元	82	39.4
	300~500元	61	29.3
	500~800元	39	18.8
	800元以上	26	12.5
住宿	五星宾馆	17	8.2
	四星宾馆	57	27.4
	三星宾馆	56	26.9
	二星以下及经济宾馆	78	37.5
餐饮	星级酒店	67	32.2
	当地特色餐馆	86	41.3
	街头小吃	55	26.5

3. 连岛游憩价值评估

本调查先将游客为获得游憩资源服务实际消费的金额作为价值核算的一部分，然后根据游客的需求和游客的旅游率建立旅游率和旅行费用的回归方程，从而求出消费者剩余，而后将求出的消费者剩余与游客实际支付的金额加总求出游客的最大支付意愿，进而评估游憩资源的价值。

1）旅行费用的计算

本调查把游客按照行政区域进行划分，将每个出发小区作为一个区间单位，从以下五个方面来计算旅行费用。

（1）门票。由于连岛景区门票有两种收费方式，在旅游旺季时门票价格为

50元/人,而在淡季时则是30元/人,因此在确定其门票价格时,按照取其平均数的方式,确定其门票价格为40元/人。

(2)交通费。根据出发区域不同将游客进行划分,不同地区的游客,不同的出行方式造成交通费用的差异很大。调查结果显示,连云港本地游客选择乘坐公交车和自驾到连岛旅游,省内其他地区的大多数游客选择大巴和自驾,只有少数游客选择火车。本调查根据交通费用的最大值和最小值的平均值来计算不同地区的交通费用。例如,连云港市区内游客如果选择乘坐公交车,最低往返只需要花费8元交通费。如果游客选择自驾前往连岛,每千米油耗大约为0.07升。连云港市辖内距离连岛最远的灌南县到连岛的距离大约为98.9千米,油价按照平均7.3元/升计算,过路费往返需要60元,则往返大约需要161元。其他各区到连云港的交通费用则需要根据游客选择的交通工具所花的费用来计算。各个地区具体往返交通费用如表2-3所示。

表2-3 连岛风景区受访游客交通费用统计

出发地	最小值(元)	最大值(元)	平均值(元)
连云港	8	161	85
淮安	98	219	159
宿迁	116	247	182
盐城	140	354	247
徐州	62	391	227
扬州	202	501	352
泰州	212	526	369
南京	160	569	365
镇江	262	586	424
南通	266	647	457
常州	190	686	438
无锡	292	725	509
苏州	208	798	503

（3）住宿。根据携程网显示的连云港宾馆的价格，二星以下及经济宾馆的价格为150元/天左右，三星宾馆的价格大概在200元/天左右，四星宾馆为300元/天左右，五星宾馆大概在450元/天左右。根据不同区域游客的住宿情况，采用加权平均法计算游客住宿的人均花费（表2-4）。

表2-4 连岛风景区受访游客住宿消费情况

出发地	连云港	淮安	宿迁	盐城	徐州	扬州	泰州	南京	镇江	南通	常州	无锡	苏州
人均消费（元/每天）	157	190	170	211	203	216	258	328	250	275	375	375	400

（4）餐饮。根据连云港本地的消费水平街头小吃人均价格为40元左右，特色餐厅人均价格从100元到150元不等，星级餐厅在200～300元之间。根据调查统计结果，采用加权平均的方法得到游客的餐饮消费金额为人均110元/天。

（5）娱乐购物。本次问卷调查中的娱乐购物花费仅针对连岛景区内的消费，不含连云港市区的消费，主要包括乘坐快艇、水上自行车和购买纪念品等。问卷调查统计结果显示娱乐购物方面的预算在100元以下的人数为38人，100～300元之间的样本人数为54人，300～500元的为61人，500～800元的只有29人。本调查对娱乐购物预算按游客平均数363元作为计算数据依据。

结合前面的统计数据，对所有旅行费用的构成成分进行汇总核算，具体见表2-5。

表2-5 连岛风景区旅行费用总计

出发地	门票（元）	交通费（元）	住宿费（元）	餐饮费（元）	娱乐购物（元）	合计（元）
连云港	40	85	57	110	323	615
淮安	40	159	190	110	323	822
宿迁	40	182	170	110	323	825
盐城	40	247	211	110	323	931
徐州	40	227	203	110	323	903

续表2-5

出发地	门票（元）	交通费（元）	住宿费（元）	餐饮费（元）	娱乐购物（元）	合计（元）
扬州	40	352	216	110	323	1041
泰州	40	369	258	110	323	1100
南京	40	365	328	110	323	1166
镇江	40	424	250	110	323	1147
南通	40	457	275	110	323	1205
常州	40	438	375	110	323	1286
无锡	40	509	375	110	323	1357
苏州	40	503	400	110	323	1376

2）旅游率的计算

通过查阅连岛景区官网数据得出，2017年连岛年旅游人次约为320万（表2-6）。

表2-6 连岛风景区旅游率计算

出发地	总人口（万人）	样本占比（%）	旅游人次（万人次）	旅游率（%）
连云港	532.53	11.54	36.93	6.93
淮安	560.9	11.54	36.93	6.58
宿迁	591.01	10.99	35.17	5.95
盐城	826.15	14.84	47.49	5.75
徐州	1039.42	14.29	45.73	4.40
扬州	459.98	6.59	21.09	4.58
泰州	505.19	6.59	21.09	4.17
南京	680.67	7.69	24.61	3.62
镇江	270.9	3.30	10.56	3.90
南通	764.47	6.59	21.09	2.76
常州	378.84	2.19	7.04	1.86
无锡	493.05	2.20	7.04	1.43
苏州	691.07	1.65	5.28	0.76

旅游人次=各地区调查人数/总调查人数×连岛景区年旅游人次（总人口数据来源为中商产业研究院大数据库）。

旅游率指的是各出发地区到连岛风景区旅游的人次占该出发地区人口的比率。即旅游率=各地区到连岛旅游人次/该地区总人口。

3）模型的建立

在影响旅游率的各项因素中，旅行费用对旅游率的影响程度最大。因此，以旅游率为因变量，旅行费用为自变量建立回归方程。游憩函数的回归方程有多种函数形式可以选择，通常包括线性函数、二次型函数、双对数函数等，本调查选择线性函数作为回归方程的函数形式（表2-7）。

表2-7 连岛风景区旅游率回归方程数据

出发地	旅行费用（元）	旅游率（%）
连云港	615	6.93
淮安	822	6.58
宿迁	825	5.95
盐城	931	5.75
徐州	903	4.40
扬州	1041	4.58
泰州	1100	4.17
南京	1166	3.62
镇江	1147	3.90
南通	1205	2.76
常州	1286	1.86
无锡	1357	1.43
苏州	1376	0.76

将数据代入SPSS软件中进行分析核算，变量回归检验结果如表2-8所示。

表2-8 连岛风景区变量回归检验结果

变量	估计参数	t值	P值
（Constant）	0.127	16.096	0.000
旅行费用	−0.000 081 81	−11.202	0.000
$R^2=0.919$，F统计量=125.487（P值0.000）			

从表2-8中可以看出，方程R^2达到91.9%，说明方程拟合度较高。方程F检验的Sig值为0，小于1%，说明方程整体通过显著性检验。自变量T检验的Sig值也为0，小于1%，说明变量旅行费用对旅行次数有显著影响。自变量的系数为−0.000 081 81，说明旅游率和旅行费用两个变量之间呈反方向变动的关系，旅行费用越高，旅游次数越少。回归方程如式（2-1）所示。

$$Y = 0.127 - 0.000\,0818\,1\,X \quad (2\text{-}1)$$

其中，Y代表旅游率（%）；X代表旅行费用（元）。

4）消费者剩余的计算

根据消费者剩余的计算方法，对式（2-1）进行定积分，以求出消费者剩余：

$$CS = \int_{b}^{a}(C)\mathrm{d}x \quad (2\text{-}2)$$

其中，CS代表消费者剩余；C代表式（2-1）；a代表上限，即旅游率为0时的最大单位旅行费用；b代表下限，即每个出发小区的现实旅行费用。

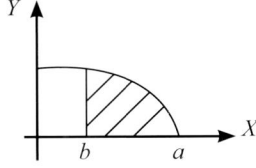

图2-4 游憩需求函数模型

其中，图2-4中的阴影部分即为消费者剩余。分别将每个出发小区的旅行费用代入式（2-2），求出每个出发小区的游客消费者剩余（表2-9）。

表2-9 连岛消费者剩余核算表

出发小区	单位旅行费用（元）	消费者剩余（元）	旅游人次（万人次）	区旅行费用（万元）	区消费者剩余（万元）
连云港	615	32.94	36.93	22 711.95	1327.35
淮安	822	19.50	36.93	30 356.46	805.84
宿迁	825	19.33	35.17	29 015.25	761.15
盐城	931	13.83	47.49	44 213.19	750.05
徐州	903	15.19	45.73	41 294.19	788.81
扬州	1041	9.09	21.09	21 954.69	225.60
泰州	1100	6.96	21.09	23 199.00	176.54
南京	1166	4.91	24.61	28 695.26	150.28
镇江	1147	5.46	10.56	12 112.32	70.98
南通	1205	3.86	21.09	25 413.45	104.10
常州	1286	2.10	7.04	9053.44	20.43
无锡	1357	0.99	7.04	9553.28	10.99
苏州	1376	0.76	5.28	7265.28	6.72

5）连岛景区旅游资源游憩价值的计算

根据游憩价值核算表，对各小区的旅行费用和消费者剩余进行加总求和（表2-10）。

表2-10 连岛游憩价值核算

出发小区	区旅行费用（万元）	区消费者剩余（万元）	区游憩价值（万元）
连云港	22 711.95	1327.35	24 039.30
淮安	30 356.46	805.84	31 162.30
宿迁	29 015.25	761.15	29 776.40
盐城	44 213.19	750.05	44 963.24
徐州	41 294.19	788.81	42 083.00

续表2-10

出发小区	区旅行费用（万元）	区消费者剩余（万元）	区游憩价值（万元）
扬州	21 954.69	225.60	22 180.29
泰州	23 199.00	176.54	23 375.54
南京	28 695.26	150.28	28 845.54
镇江	12 112.32	70.98	12 183.30
南通	25 413.45	104.10	25 517.55
常州	9053.44	20.43	9073.87
无锡	9553.28	10.99	9564.27
苏州	7265.28	6.72	7272.00
合计	304 837.76	5198.85	310 036.61

从而得出2017年连岛景区游客总旅行费用为304 837.76万元，而总消费者剩余则是5198.85万元，2017年连岛景区旅游资源游憩价值为310 036.61万元。

（三）花果山风景区旅游价值评估

1. 花果山风景区概况

花果山位于江苏省东北部连云港市南云台山中麓。花果山风景区面积12.8平方千米，规划面积110平方千米。花果山在唐宋时被称为苍梧山，亦称青峰顶，为云台山脉的主峰，是江苏省诸山的最高峰。《西游记》中将花果山定义为齐天大圣的老家，花果山也凭借《西游记》名著的知名度和电视剧的热播而名声大噪。花果山的人文景观众多，文化内涵深厚，古建筑遗址和名人游踪手迹遍布山中。自唐朝以来寺庙兴盛，佛教香火旺盛。朱翊钧皇帝曾颁旨立花果山中的主庙宇三元宫为天下名山寺院，康熙皇帝在玉女峰上亲题"遥镇洪流"四字，毛泽东主席生前对《西游记》很有研究，十分关注《西游记》中孙悟空的老家花果山。

花果山丰富的人文景观和秀美的自然景观令游客赞叹不已。主要景点共136处，与《西游记》密切相关的景点很多，特别有代表性的如水帘洞。以三元宫为中心的古建筑群发迹于唐，重建于宋，敕赐于明，兴盛于清，是历史上著名的香火胜地。极具文史价值的郁林观石刻和建于北宋的阿育王塔，还有屏竹禅院、义僧亭、茶庵、九龙桥等都是著名的名胜古迹。近几年来景区以《西游记》为主题，对景区进行开发建设。花果山植被丰富，四季皆有特色，"金镶玉竹""茗茶""云雾茶"等稀有特色产品在花果山均可见到。

2. 问卷调查受访者的社会特征统计分析

本次问卷调查采用随机抽样的方法对花果山风景区的游客进行问卷调查，以获得较准确客观的实际数据资料。抽样调查的具体实施主要包括选择恰当的调查区域、在游客量大的节假日以及周末时间段进行抽样调查，避开受访者的用餐、休息时段，选取适当的抽样调查对象，以此确保问卷调查结果的有效性。在问卷调查结束后对调查的结果进行社会特征统计分析。为了提高问卷调查的科学性和多样性，本问卷调查在持续半年的时间内，集中在花果山风景区发放问卷200份，回收有效问卷共186份，问卷的有效率约为93%。

（1）性别。在本次调查回收的186份有效问卷中，男性受访者共计79人，约占受访者总人数的42.47%；女性受访者共计107人，约占受访者总人数的57.53%（图2-5）。

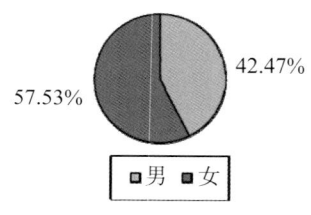

图2-5 花果山受访游客性别比例

（2）年龄。本次问卷调查中受访者的年龄段主要分为18岁及以下、19～25岁、26～40岁、41～60岁、60岁以上五个阶段。调查结果为：年龄在18岁及以下16人，约占调查总人数的8.6%；19～25岁51人，约占调查总人数的27.42%；26～40岁67人，约占调查总人数的36.02%；41～60岁39人，约占调查总人数的20.97%；60

岁以上13人，约占调查总人数的6.99%（图2-6）。

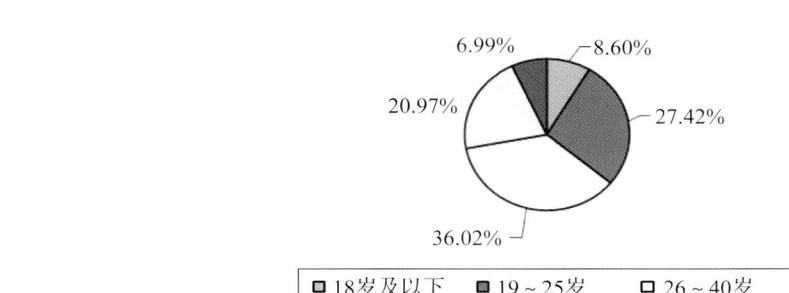

图2-6　花果山受访游客年龄比例

（3）受教育程度。在本次问卷调查中，笔者将受访者的受教育程度设为初中及以下、高中/中专/职高、大专/本科、研究生及以上四个等级。在回收的有效问卷中，受访者的受教育程度在初中及以下的共有31人，约占调查总人数的16.67%；高中或中专或职高的共有62人，约占调查总人数的33.33%；大专或本科的共有78人，约占调查总人数的41.94%；研究生及以上的共有15人，约占调查总人数的8.06%（图2-7）。

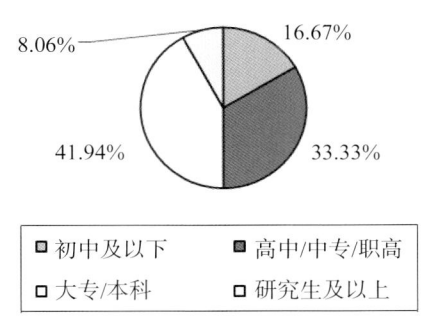

图2-7　花果山受访游客受教育程度比例

（4）职业。在本次问卷调查中，职业主要设置了7类选项，分别为公务员、事业单位职员、公司/企业职员、个体户/企业家、学生、农民以及其他职业。调查结果为：公务员共有44人，约占调查总人数的23.65%；事业单位职员共有51人，约占调查总人数的27.42%；公司/企业职员共有14人，约占调查总人数的7.53 %；个体户/企业家共有8人，约占调查总人数的4.30%；学生共有56人，约占调查总人数的30.11%；农民共有4人，约占调查总人数的2.15%；其他职业者共有9人，约占调查总人数的4.84%（图2-8）。

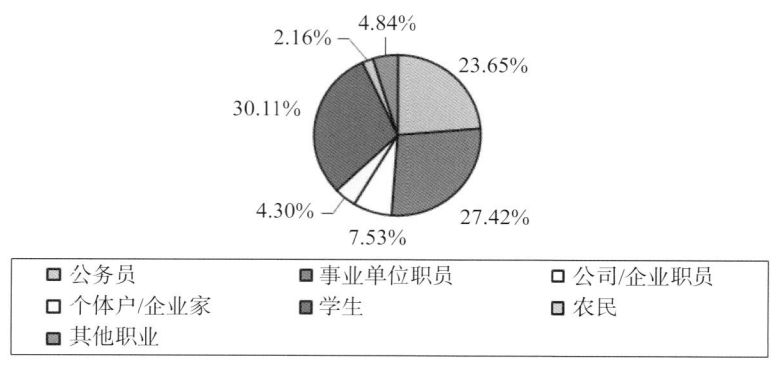

图2-8　花果山受访游客职业比例

（5）月收入水平。在本次问卷调查中，笔者将花果山风景区受访者的月收入水平分为1500元以下、1600～2500元、2600～3500元、3600～4500元、4600～5500元、5500元以上6个等级。调查结果为：1500元以下共有12人，约占调查总人数的6.45%；1600～2500元共有41人，约占调查总人数的22.04%；2600～3500元共有52人，约占调查总人数的27.96%；3600～4500元共有37人，约占调查总人数的19.89%；4600～5500元共有28人，约占调查总人数的15.05%；5500元以上共有16人，约占调查总人数的8.61%（图2-9）。

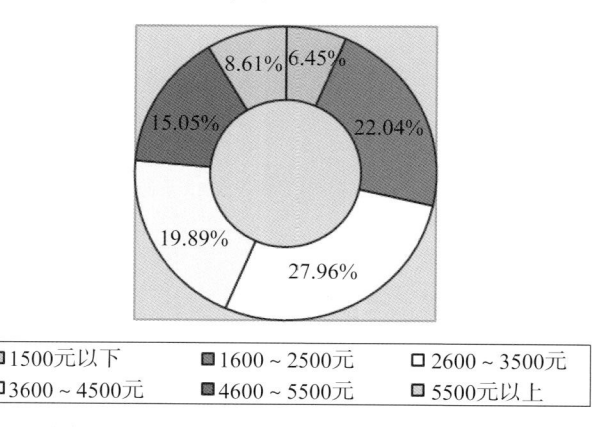

图2-9　花果山受访游客月收入水平比例

根据以上的分析结果，可以整理得到表2-11。

表2-11　花果山受访游客社会特征统计分析

变量		人数（人）	有效百分比（%）
性别	男	79	42.47
	女	107	57.53
年龄	18岁及以下	16	8.6
	19～25岁	51	27.42
	26～40岁	67	36.02
	41～60岁	39	20.97
	60岁以上	13	6.99
受教育程度	初中及以下	31	16.67
	高中/中专/职高	62	33.33
	大专/本科	78	41.94
	研究生及以上	15	8.06
职业	公务员	44	23.65
	事业单位职员	51	27.42
	公司/企业职员	14	7.53
	个体户/企业家	8	4.30
	学生	56	30.11
	农民	4	2.15
	其他职业	9	4.84
月收入水平	1500元以下	12	6.45
	1600～2500元	41	22.04
	2600～3500元	52	27.96
	3600～4500元	37	19.89
	4600～5500元	28	15.05
	5500元以上	16	8.61

3. 旅行费用的计算

本调查把游客按照行政区域进行划分，将每个出发小区作为一个区间单位。

门票。花果山风景区旺季时门票价格为100元/人，淡季时门票价格为50元/人。按照平均数的方式，确定其门票价格为75元/人。

交通费。游客前往花果山风景区交通费用计算参照前面连岛风景区交通费用的计算方式。各个地区具体往返交通费用如表2-12所示。

表2-12 花果山受访游客交通费用统计

出发地	最小值（元）	最大值（元）	平均值（元）
连云港	4	134	69
淮安	98	219	159
宿迁	116	247	182
盐城	140	354	247
徐州	62	391	227
扬州	202	501	352
泰州	212	526	369
南京	160	569	365
镇江	262	586	424
南通	266	647	457
常州	190	686	438
无锡	292	725	509
苏州	208	798	503

住宿。问卷调查统计结果显示，花果山风景区由于距离市区较近，而且风景区内的宾馆住宿开发较少，本地游客在山间纳凉消暑的消费意识不强，因此本市游客普遍选择当天往返。只有极个别的县区游客选择住宿酒店。对于不住宿的游客，本调查将其划分在"二星以下及经济宾馆"一档，但是住宿消费仍然按0元计

算（表2-13）。

餐饮。根据连云港本地的消费水平，街头小吃人均价格为40元左右，特色餐厅人均价格从100元到150元不等，星级餐厅在200~300元之间。各地区样本选择并没有明显的偏好和差异，因此本调查采用加权平均的方法得到游客的餐饮消费的金额为人均110元/天。

娱乐购物。本次问卷调查中的娱乐购物花费主要包括花果山风景区的手机导游、语音讲解、摆渡车、索道、纪念品、云雾茶、葛根粉等。问卷调查统计结果显示，娱乐购物方面预算在100元以下的人数为52人，100~300元之间的样本人数为68人，300~500元为44人，500~800元只有22人。本调查对娱乐购物预算按游客平均数270元作为计算依据。

表2-13 花果山受访游客住宿消费情况

出发地	二星以下及经济宾馆（人）	三星宾馆（人）	四星宾馆（人）	五星宾馆（人）	人均消费（元）
连云港	21	2	0	0	26
淮安	8	10	3	0	195
宿迁	10	4	3	0	188
盐城	4	8	6	0	222
徐州	6	8	5	2	233
扬州	3	7	5	0	223
泰州	4	6	6	0	225
南京	0	7	8	3	286
镇江	0	3	3	0	250
南通	0	2	4	2	313
常州	0	2	2	2	317
无锡	0	0	4	2	350
苏州	0	0	0	3	450

结合前面的统计数据，人均旅行费用及其构成如表2-14所示。

表2-14　花果山人均旅行费用计算

出发地	门票（元）	交通费（元）	住宿费（元）	餐饮费（元）	娱乐购物（元）	合计（元）
连云港	75	69	26	110	270	550
淮安	75	159	195	110	270	809
宿迁	75	182	188	110	270	825
盐城	75	247	222	110	270	924
徐州	75	227	233	110	270	915
扬州	75	352	223	110	270	1030
泰州	75	369	225	110	270	1049
南京	75	365	286	110	270	1106
镇江	75	424	250	110	270	1129
南通	75	457	313	110	270	1225
常州	75	438	317	110	270	1210
无锡	75	509	350	110	270	1314
苏州	75	503	450	110	270	1408

4. 各出发地区旅游率的计算

旅游率指的是各出发地区到花果山风景区旅游的人次占该出发地区人口的比率。旅游率=该出发地区到花果山风景区的年旅游人次/该出发地区年末的总人数。其中，该出发地区到花果山风景区的年旅游人次=（问卷调查中该出发地区的人次/调查总人数）×花果山风景区年旅游人次。本调查所用的花果山风景区年旅游人次为花果山风景区在2017年接待的游客量，约为390万人次（表2-15）。

表2-15 花果山风景区旅游率计算

出发地	受访旅游人次（人次）	总人口（万人）	样本占比（%）	旅游人次（万人次）	旅游率（%）
连云港	23	532.53	12.92	48.23	9.06
淮安	21	560.9	11.79	44.03	7.85
宿迁	17	591.01	9.55	35.65	6.03
盐城	18	826.15	10.11	37.74	4.57
徐州	21	1039.42	11.79	44.03	4.24
扬州	15	459.98	8.43	31.45	6.84
泰州	16	505.19	8.98	33.55	6.64
南京	18	680.67	10.11	37.74	5.54
镇江	6	270.9	3.37	12.58	4.64
南通	8	764.47	4.49	16.77	2.19
常州	6	378.84	3.37	12.58	3.32
无锡	6	493.05	3.37	12.58	2.55
苏州	3	691.07	1.69	6.29	0.91

5. 回归模型的建立

据上述计算得出具体的旅行费用和旅游率（表2-16）之后，使用SPSS统计软件进行旅行费用对旅游率的回归分析。

表2-16 花果山旅游率回归方程数据

出发地	旅行费用（元）	旅游率（%）
连云港	550	9.06
淮安	809	7.85
宿迁	825	6.03
盐城	924	4.57
徐州	915	4.24

续表2-16

出发地	旅行费用（元）	旅游率（%）
扬州	1030	6.84
泰州	1049	6.64
南京	1106	5.54
镇江	1129	4.64
南通	1225	2.19
常州	1210	3.32
无锡	1314	2.55
苏州	1408	0.91

本调查选择线性函数作为回归方程的函数形式。

$$Y = \alpha + \beta X \tag{2-3}$$

式（2-3）中，X表示旅行费用（元）；Y表示花果山风景区旅游率。回归检验结果见表2-17。

表2-17 花果山景区变量回归检验结果

变量	估计参数	t值	P值
（Constant）	0.140	8.674	0.000
旅行费用	−0.000 087 09	−5.734	0.000
$R^2 = 0.749$，F统计量 = 32.874（P值 0.000）			

R^2表示模型对数据的拟合程度，R^2值越接近于1越好。从分析结果来看，本调查所选用的模型对数据的拟合程度约为0.749，即回归模型可解释数据变动的74.9%，表示模型对数据的拟合程度较好。

F检验是对回归模型整体的显著性进行的检验，Sig越接近于0越好。本调查回归模型整体显著性的F检验的Sig值为0，表示回归模型是显著的，即回归模型通过了F检验。

T检验表示单个自变量对因变量的影响是否显著。Sig越接近于0越好。本调查中单个自变量 X 旅行费用对因变量 Y 旅游率的影响的T检验值为0，表示单个自变量 X 旅行费用对因变量 Y 旅游率的影响是显著的。

回归模型的具体函数为：

$$Y = 0.14 - 0.000\,087\,09\,X \qquad (2\text{-}4)$$

从回归函数公式（2-4）可以看出：旅行费用对旅游率的回归函数的系数为负值，表示旅行费用与旅游率两者之间呈负相关关系，也即当旅行费用增加时，相应的旅游率则会降低。

6. 消费者剩余

根据上述计算分析，可以进一步求出每个出发地区的消费者剩余。各出发地区的消费者剩余可以根据式（2-4）进行积分计算得到，如下表述为：

$$CS = \int_{P(o)}^{P(m)} f(x)\mathrm{d}x \qquad (2\text{-}5)$$

其中，CS 表示各出发地区游客的消费者剩余；$P(m)$ 表示旅游率为0时的最大单位旅行费用；$P(o)$ 表示出发小区的现实旅行费用；$f(x)$ 表示旅游率与旅行费用之间的函数关系式；x 表示旅行费用。

根据式（2-5）计算得出2017年花果山风景区游客的消费者剩余（表2-18）。

表2-18　花果山风景区消费者剩余核算

出发小区	单位旅行费用（元）	消费者剩余（元）	旅游人次（万人次）	区旅行费用（万元）	区消费者剩余（万元）
连云港	550	48.70	48.23	26 526.50	2348.78
淮安	809	27.77	44.03	35 620.27	1222.56
宿迁	825	26.67	35.65	29 411.25	950.61
盐城	924	20.34	37.74	34 871.76	767.82
徐州	915	20.88	44.03	40 287.45	919.53

续表2-18

出发小区	单位旅行费用（元）	消费者剩余（元）	旅游人次（万人次）	区旅行费用（万元）	区消费者剩余（万元）
扬州	1030	14.52	31.45	32 393.50	456.78
泰州	1049	13.58	33.55	35 193.95	455.75
南京	1106	10.95	37.74	41 740.44	413.37
镇江	1129	11.22	12.58	13 838.00	141.11
南通	1225	6.37	16.77	20 543.25	106.86
常州	1210	6.88	12.58	15 221.80	86.57
无锡	1314	3.75	12.58	16 530.12	47.20
苏州	1408	1.73	6.29	8856.32	10.90

7. 花果山景区旅游资源游憩价值的计算

花果山风景区旅游资源游憩价值为各小区的旅行费用和消费者剩余之和（表2-19）。

表2-19　花果山风景区游憩价值

出发小区	区旅行费用（万元）	区消费者剩余（万元）	区游憩价值（万元）
连云港	26 526.50	2348.78	28 875.28
淮安	35 620.27	1222.56	36 842.83
宿迁	29 411.25	950.61	30 361.86
盐城	34 871.76	767.82	35 639.58
徐州	40 287.45	919.53	41 206.98
扬州	32 393.50	456.78	32 850.28
泰州	35 193.95	455.75	35 649.70
南京	41 740.44	413.37	42 153.81
镇江	13 838.00	141.11	13 979.11

续表2-19

出发小区	区旅行费用（万元）	区消费者剩余（万元）	区游憩价值（万元）
南通	20 543.25	106.86	20 650.11
常州	15 221.80	86.57	15 308.37
无锡	16 530.12	47.20	16 577.32
苏州	8856.32	10.90	8867.22
合计	351 034.61	7927.84	358 962.45

根据表2-19的计算结果可以得知，2017年花果山风景区的消费者剩余总额为7927.84万元。游憩资源价值是旅行费用总额和消费者剩余总额的两者之和。因此，花果山风景区2017年游憩资源价值为358 962.45万元。

（四）研究结论

本调查运用旅行费用法对连岛和花果山风景区的游憩资源价值进行评价，得出连岛景区旅游资源游憩价值为310 036.61万元，花果山风景区游憩资源价值总额约为358 962.45万元。评估结果显示两地的旅游资源价值均远远高于景区的门票收入。这是由于旅行费用法不仅考虑了旅游风景区游客在旅游地实际花费的金额，还包含了游客对旅游景区的支付意愿。要弥补人类开发和利用对滨海资源的破坏，实现滨海旅游资源的可持续健康发展仅仅依靠门票收入明显是远远不够的。

四、江苏滨海旅游可持续发展路径选择

从评估结果来看，两个景区的门票收入都远远低于滨海旅游资源的游憩价值，但是调研的结果显示大部分的旅游者对景点的票价感到不满意，很多游客认为花果山的门票定价过高。这就形成了一对矛盾，一方面门票定价的收入不足以实现滨海旅游资源的保护和发展，另一方面游客又认为门票定价过高。要解决这对矛盾，应该充分利用沿海丰富多样的自然和人文旅游资源，实现滨海旅游资源的可持续发展

可以选择以下路径。

（一）以市场为导向，开发旅游衍生品及后旅游市场，优化旅游产品结构

门票价格是影响游客的满意度和重游率的最敏感最直接的因素，景区管理部门应该制定合理的门票价格形成机制。在一定的范围内下调门票价格，吸引更多的游客前来观光。为弥补门票收入的不足，根据旅游市场的需求和变化，可以开发旅游衍生品及后旅游市场。当前旅游市场的需求已由传统的大众观光游览型向个性化、多样化的方向发展，这就需要对现有的滨海旅游资源进行深层次开发，增加活动项目品种，设计各种各样定制化和参与性强的滨海旅游活动项目，如具有海洋特色的前三岛海鸟观赏和海产品养殖捕捞旅游；高层次的海上游览项目；湿地观光旅游项目等，不断地满足旅游者的需要。此外，还可以以滨海旅游为依托，根据滨海三市各地的特色，深度地挖掘旅游产品的文化以及历史内涵，开发各种具有地方特色的自然、文化旅游衍生产品。

（二）扩大融资渠道，加大政府财政资金的投入力度

滨海旅游资源的补偿和保护需要大量的资金，仅仅依靠旅游景区的收入是难以为继的。另外，旅游景区吸引而来的游客在当地进行旅游时必然会发生住宿、用餐、购物等行为，可以为地方经济繁荣创造价值。地方政府应该，也有必要将滨海旅游业的发展规划纳入本地区的国民经济和社会发展年度计划中，制定出具体的实施细则和投资金额，不能流于形式。另外，为保障资金供给，地方政府还可以创造良好的投资环境，制定各种优惠政策，采用合资、合作、贸易补偿等方式积极引进外资以及民营资本的投入，加强与国际旅游组织的合作等，全方位地发展投资主体。努力扩大融资渠道，发行股票筹集资金、设立专项资金、组织银行贷款等，保证滨海旅游可持续发展所需要的资金。

（三）树立滨海旅游资源可持续利用的发展理念

滨海旅游系统的脆弱性要求将生态环境保护与旅游开发有效结合。过去在进行滨海旅游项目开发的过程中，往往由于缺乏对沿海地区的自然环境与海洋生态系统

的正确认识，破坏了海滨的自然环境，造成沿海环境受损，项目难以维持。因此，滨海地区的开发应尽可能维持原始风貌，突出当地特色。根据需求的增长情况循序渐进地进行开发建设，防止生态环境遭到破坏。发展战略的制定也应注重市场需求及发展的可持续性，而不是以盲目的大量投资来发展。在滨海旅游资源的开发利用过程中必须做到开发与保护并举。对于那些不易破坏滨海旅游资源和环境的项目，可以以开发利用为主；对于稀缺的、不可再生的滨海旅游资源，则应以保护为主，在不破坏资源的前提下，实施科学的有限开发战略。在追求经济效益的同时，关注生态平衡，实现二者的有机结合。

（四）强化政府和行业主管部门的宏观调控职能，加速江苏滨海三市旅游资源的配置和整合

江苏省政府应明确沿海旅游开发的总体目标和规划。从全省滨海旅游市场结构与布局要求出发，根据江苏滨海三市的不同资源特色，从因地制宜的原则出发，统一制定发展战略和规划，协调三地的旅游资源，合理布局旅游设施和设置景点，避免盲目开发和短期行为。建立江苏滨海具有特色的旅游线路，使滨海旅游线路与"长三角"旅游线路进行对接，拓展"长三角"旅游层次。积极拓展中西部市场，争取西部内陆客源沿陇海线而来，以连云港为起点，使国内游客沿江苏旅游通道南下，同时利用江苏沿海融入"长三角"的机会，吸引"长三角"发达地区的旅游客源，拓展自驾游等特色旅游线路，使滨海旅游成为上海、苏南等地游客休闲度假的首选。

（五）改革滨海旅游管理体制，实现江苏滨海旅游的可持续发展

旅游主管部门应树立滨海旅游资源开发的市场意识，摆脱政府部门对旅游景区的直接经营和对旅游开发项目的直接管理，制定并不断完善江苏滨海旅游景区两权分离政策，并以法规的形式予以明确，把旅游开发建设推向市场。省旅游局可以联合海洋与渔业局的相关专家，成立江苏滨海旅游开发相关组织，负责江苏滨海旅游资源产品开发、市场运作和品牌促销等环节的管理方针和政策制定。将江苏滨海旅

游资源的开发、市场促销、品牌公关和相关部门系统地联合成一个整体，形成一条龙式的滨海旅游开发管理体系。完善旅游管理部门的评价体系，弱化旅游管理部门的经济发展指标，强化社会效益和环境效益，把滨海旅游资源的保护和可持续发展作为旅游管理工作的一项重要评价指标。重点抓好旅游景区开发项目的建设评价工作。对旅游景区内建设项目要全面评估，对旅游资源保护和环境影响等多方面进行审核。既要保护投资商的经济利益和合法的经营权利，又要确保滨海旅游景区开发的规范有序。对于旅游开发价值高但目前尚无力进行开发的滨海地区和海岛，可将其确定为滨海旅游资源保护区，将滨海旅游资源保护落到实处，以实现江苏滨海旅游资源的科学合理利用和可持续发展。

（六）推进滨海旅游信息网络建设，利用网络平台，发展"互联网+"旅游

推进江苏滨海旅游信息的网络建设，推出直接面向终端游客的信息窗口。通过网络平台，加大对江苏省滨海旅游资源、资源利用和保护等方面的宣传。还可以利用网络平台开展网络购票、景区评价、游客在线调查、景点讲解、游览互动等多项业务，积极打造"互联网+"旅游模式。通过该模式的开展，掌握市场需求，以目标市场需求为导向对滨海旅游资源进行筛选、加工和再创造，突出自身的特色和优势，吸引游客，根据游客的反馈积极整改，不断地完善景区内部以及附近区域的基础设施，提高滨海旅游的管理水平和服务水平，打造高质量的滨海旅游景区。开发与旅游相关的APP产品，将景区附近的吃、住、行、购、娱等经过政府和行业认证的优质旅游产品及时推送给有需要的游客，提高游客旅游过程的便利性，提升游客旅游过程的幸福感，实现游客、商家的双赢。此外，还可以采取优惠政策推动江苏旅行社的网络化和集团化建设，同时吸引外资旅行社在江苏沿海发展。通过国内大型旅行社和外资旅行社的良性竞争来推动江苏滨海旅游的国际化发展。

（七）建立旅游开发的监控机制，加大对滨海旅游环境保护的力度

根据滨海旅游景区、景点的承载能力，对游客流向及旅游景点客流分布做认真的规划和管理。对各景点实施动态监控，通过控制售票量，开发增设新的景点、卖

点，限制和分流生态环境敏感地点的游客数量，使旅游资源在其所能承受的限度内接待参观游客。完善和规范旅游企业经营和滨海旅游资源管理的法律法规，约束滨海旅游开发中的不良行为，加大执法力度，控制游客的不当行为，从而减少和避免旅游开发对旅游资源环境造成的破坏。此外，保护滨海旅游环境还应从控制陆源污染物、完善海洋环境保护法规、加强环境保护教育入手。加速城市污水处理厂建设和工业污染治理，实施城市污水处理和远海深水排污工程，减轻对滨海旅游环境的污染。对排污口、港湾等进行综合治理改造，改善近海海域环境质量。加快海洋环境保护法规建设，加强执法力度，做到有法必依，执法必严，违法必究。加强对旅游者、旅游从业人员和旅游地居民可持续发展及环境保护重要性的教育。树立起环境质量意识和环境公德意识，不为局部或眼前利益而损害他人或全局的利益。通过媒体宣传人类与自然和谐相处的理念，提高个人保护滨海旅游环境的自觉性，督促人们积极主动地参与到滨海旅游环境保护的活动之中。

连云港海洋旅游品牌建设研究

一、引言

海洋旅游是指旅游者离开自己习惯的环境，去海洋旅游地进行的游览活动。海洋旅游是一个综合课题，包括海洋生态旅游、海洋休闲旅游、海洋文化旅游、海滩旅游、美食旅游、海洋体育旅游等多方面。连云港地处江苏省东北端，是江苏省四个旅游中心城市之一。连云港拥有长达176.5千米的大陆海岸线，拥有2.5万多平方千米的海域，其中基岩岸线40多千米，30余千米沙滩岸线为江苏省近千千米海岸线中所仅有。连云港海岸地带地貌复杂，人类活动历史悠久，拥有以青山、碧海、沙滩、人文为主要特色的连云港海滨旅游区。连云港除了拥有独特的海滨景观与自然沙滩，同时具有古人类遗址、古墓、神话传奇色彩的名胜、石刻与古寺院，有徐福东渡、孔子登山望海、秦始皇东巡等历史典故，并有近几年力推的山海文化、西游文化、神话文化等几大文化品牌。

时代的发展，物质生活的富裕使得旅游从最初浅度的观光旅游演进为更为深度的体验旅游，在这种背景下，文化旅游的概念应运而生。早在20世纪70年代末，文化旅游就初现端倪。早期的旅游是有钱人的一项专门的、特殊领域的活动，随着物质的丰富，旅游不再是有钱人的专属活动，越来越多的人走出家门，奔赴旅游目的地去体验不同的生活，感受不同的文化，旅游地管理者和营销者意识到这一变化，文化旅游产品进入大众视野。据2009年12月国务院出台的《关于加快旅游业发展的意见》中指出："丰富旅游文化内涵，把提升文化内涵贯穿到吃住行游购娱各环节和旅游业发展全过程。旅游开发建设要加强自然文化遗产保护，深挖文化内涵，普及科学知识。旅游商品要提高文化创意水平，旅游餐饮要突出文化特色，旅游经营服务要体现人文特质。要发挥文化资源优势，推出具有地方特色和民族特色的演艺、节庆等文化旅游产品。充分利用博物馆、纪念馆、体育场等设施，开展多种形式的旅游活动。集中力量塑造中国国家旅游整体形象，提升文化软实力。"文化旅游产品，顾名思义，就是文化与旅游产业进行融合，以文化为附加值，为游客提供更为深刻的个人体验的一种新型旅游产品。如今，各地都已意识到文化旅游给目的地地区所带来的效益和可持续性竞争优势，众多旅游地也从地域文化的角度对产品进行重新定位和包装。在这种时代背景下，连云港海洋旅游品牌的建设应从建设文化旅游品牌的角度展开。将连云港"海洋旅游"作为整体研究对象，以文化旅游产品品牌建设为目的，从区域目的地旅游品牌建设的角度切入，研究连云港海洋旅游品牌营建步骤及品牌评价，进而达到将连云港的海洋资源转化为经济优势的目的，以期为连云港海洋旅游发展贡献力量。

另外，随着时代的演进，"注意力经济""体验经济"等侧重个人感受的经济切入点不断涌现，国内旅游产业的发展已从最初的旅游产品竞争发展到旅游品牌的竞争。区域旅游品牌的建设理论也被引入到了连云港海洋旅游产业的发展研究中。所谓品牌是指具有精神象征性的一种识别标志，是理念价值高度浓缩的核心体现。培育和创造品牌的过程也是不断创新的过程，自身有了创新的力量，才能在激烈的竞争中立于不败之地，继而巩固原有品牌资产，多层次、多角度、多领域参与竞争。品牌是一种无形的资产。旅游品牌是指旅游经营者凭借其产品及服务确立的代表其产品服务形象的名称、标记或者符号或它们的相互组合，是企业品牌和产品品牌的统一体，它体现着旅游产品的个性及消费者对此的高度认同。狭义的旅游品牌是指某一种旅游产品的品牌，而广义的旅游品牌具有结构性，包含某一单项产品的品牌、旅游企业品牌、旅游集团品牌或连锁品牌、旅游地品牌等。省内外对旅游品牌的理论研究，主要集中在城市旅游品牌、品牌旅游城市评价、旅游地品牌竞争力、旅游地品牌化评价、城市品牌要素评价、城市品牌资产评价几个方面。

据连云港政府官网统计，2015年，连云港旅游收入344亿元，接待游客2684.77万人次，仅次于镇江，位居苏北城市之首。海洋旅游是连云港旅游产业中的一张重要旅游名片。经过多年的发展，连云港海洋旅游产业不断壮大，目前连云港旅游业已形成几个品牌：海洋休闲品牌、海鲜品牌、山海品牌、孔子望海品牌、徐福东渡品牌等，但与同类旅游品牌相比还存在产业结构布局不合理、品牌形象建设力度弱、品牌文化建设不足、受传统旅游季节影响明显、海洋旅游商品同质化严重等问题。加强对海洋旅游资源的开发利用，建立品牌化经营管理模式，对提升连云港整体旅游城市形象增加经济效益具有重大的意义。

二、连云港海洋旅游品牌建设发展现状

（一）基本情况

据连云港市旅游业发展"十三五"规划报告显示，连云港在"十二五"期间，其旅游业呈现出蓬勃发展的态势。旅游接待人次从2010年的1404万人次上升到2015年的2685万人次，平均增长速度为14%；旅游综合收入由2010年的163.4亿元上升到2015年的344亿元，平均增长速度为16%，发展态势良好。连云港有丰富的人文旅游资源，如首屈一指的孔望山东汉佛教摩崖造像及石刻、被称为"东方天书"的将军崖岩画，还有保留完整古城格局的海州，蕴含着多处历史、文化和宗教遗迹的云台山。国人耳熟能详的《西游记》更是以连云港花果山为背景创作，中国古典文学史上的一枝奇葩《镜花缘》以连云港东磊山为背景。此外，连云港还有极具地方特色的产品，如贝雕画、天然水晶和云雾茶等。基于此，连云港以西游文化、山海文化为城市文化旅游产品定位，提出"山海连云，西游圣境"的城市旅游形象，强调在旅游产品开发中突出文化定位，朝着文化旅游品牌方向的建设目标努力。

一直以来连云港对海洋旅游资源的开发定位为海滨旅游度假区，以连岛为核心扩展到城区，以区域的开发模式建设集观光、度假、休闲、商务、会展及旅游于一体的旅游区。连云港海滨旅游资源可分为自然旅游资源和人文旅游资源两类。连云港拥有多个近岸海岛，除连岛外，还有秦山岛、竹岛和鸽岛，离岸较远还有一处被称为江苏鸟岛的前三岛，有发展海岛旅游的天然条件。此外，连云港还拥有数个环境优越的沙滩：大沙湾、苏马湾海滨浴场、西墅沙滩和赣榆海州湾海滩。近年来，

围绕建设国际化海滨城市的规划，连云港兴建了国际展览中心，整修了拦海西大堤，建设了一批人文旅游资源。连岛西侧的江苏海上训练与大型港口设施、核电基地，具备发展海洋体育旅游和工业旅游的基础。但目前，海洋资源利用并不充分，海洋文化挖掘不够，海洋文化旅游、海岛旅游产品、海上体育、游艇游轮、房车露营、海洋特色民宿等产品的建设力度不大。

（二）主要特点

连云港海洋旅游品牌在旅游地类型上属于有强引力值的自然与文化景观产品。首先，在品牌建设上要从自然与文化资源的独特性和综合品味角度入手，辅助基础设施、接待条件、人文环境的改善。其次，连云港海洋旅游品牌还具有区域经济发达、旅游需求旺盛、区域旅游点分散发展的建设背景，在品牌建设上应带动休闲度假需求，同时增加景点联动建设、环境改良和服务配套。

三、连云港海洋旅游品牌建设发展问题

（一）品牌建设思路不明确

随着旅游产业升级，旅游产品建设的思路已从做产品转向做文化，将文化资源融入旅游产品，加强旅游体验是旅游业未来发展的趋势。连云港海洋旅游品牌的建设首先应确定以文化旅游产品建设为导向，升级发展思维，以区域旅游目的地整体开发为抓手，分层进行各级品牌建设。

（二）连云港海洋旅游品牌建设处于初级阶段，品牌的整体性差

连云港海洋旅游品牌建设是连云港城市旅游品牌建设中的一环，是连云港旅游规划中山、海、港、城中的"海"。虽然连云港海洋旅游经过多年的发展，已有海洋休闲品牌、海鲜品牌、山海品牌、孔子望海品牌、徐福东渡品牌等，但未能转为有效的旅游产品，存在规模不大，开发深度不够，文化性不强等诸多问题，最主要的是提炼出的这几个品牌发展不平衡，品牌的整体性差，尚处于分散发展的阶段。

连云港具备发展东部沿海旅游首选城市的自然和人文资源，以城市旅游形象定位为核心，整合各旅游品牌是首先要解决的问题。

宣传效果欠佳。连云港对城市旅游产品的宣传力度还是很大的，并开展了众多旅游主题口号及形象标识征集大赛推广连云港旅游产品，但品牌建设的滞后让强力宣传的效果大打折扣。作为连云港区域整体的海洋旅游却没有品牌形象策划，连云港市整体的"山海连云，西游圣境"旅游宣传口号，在海洋旅游产品中未能深入体现。如表2-20所示，连云港市2015年在江苏省以及周边沿海城市中的品牌知名度排名较后。

表2-20 2015年江苏省以及周边沿海城市品牌知名度排名

城市	形象品牌	百度词条排名	2015年接待游客量排名
青岛	海上都市，欧亚风情	1	1
南通	近代历史名城，江海休闲港湾	2	4
威海	游遍四海，唯有威海	3	3
盐城	仙鹤世界，神鹿故里，湿地之地	4	6
连云港	山海连云，西游圣境	5	5
日照	阳光海滩，生态日照	6	2

备注：引自连云港市旅游业发展"十三五"规划。

（三）海洋旅游类型定位未深化

海洋旅游与陆地旅游对应，包括在海滨地区、近海、海岛、大洋、海底等进行的活动，从距离陆地的远近上划分，可分为滨海旅游、近海海上旅游和远洋旅游。连云港海洋旅游类型定位为海滨休闲旅游，这是海洋旅游品牌最传统的旅游类型，能满足旅游者观光、度假、休闲、娱乐的需要。

以连岛为例，在海洋旅游资源中属于海岛，生态环境脆弱，但资源得天独厚，连岛旅游产品集观光旅游和度假旅游两种方式于一体，两种产品形式兼有，虽能满足低端游客的基本需求，但也导致产品特征不明确，产品层次无法提升。观光游主要指以观赏自然风光、名胜古迹为目的的旅游，通过观光获得身心放松和愉悦。连岛本身的风貌与周边海域风情开发不到位，建筑风格杂乱，东西连岛发展不平衡，岛上缺乏海洋主题公园之类的观光项目，观光游部分做得不够深入。连岛上以金海岸度假村为首的度假社区，仅有住宿功能，无度假区相关配套设施建设，无体育、文化活动和晚间娱乐设施，无有特色的大型购物场所、会议设施、治疗康复设施等，且后期管理与服务差，无法体现出高端休闲度假的产品特质，对连岛旅游品牌的建设不利。综上所述，连云港海洋旅游品牌建设任重道远，深化产品类型是品牌建设的第一步。

（四）品牌模糊，同质化严重

海洋旅游最大的资源在于4S，即阳光、沙滩、大海、海鲜，这是几乎所有沿海城市海洋旅游产品最大的卖点。连云港有丰富的人文资源，但影响力有限且不能较好地融入海洋旅游产品中，导致连云港海洋旅游产品区域品牌优势不明显。

四、连云港海洋旅游品牌建设发展思路

（一）文化旅游概念梳理

在研究如何进行连云港海洋旅游品牌建设之前需要理清文化旅游的概念。事实上，关于什么是文化旅游还存在争论，主要有以下几种观点，第一种观点认为，体验文化差异就是文化旅游。一般人出行的旅游目的包括游览文化地标、历史遗迹和参加目的地各种节日庆典活动等，这些本身就具有文化旅游的意味。简言之，所有离开自住地去其他地方的旅行都包含了某些文化因素。这种对文化旅游宽泛的认识无法理清涉及一个旅游行为完成的多方关系问题。第二种观点从旅游者的动机来区分，如联合国世界旅游组织将文化旅游定义为：人们为了获取新的信息和体验以满足自己的文化需求而向其常住地之外的城乡文化吸引物所做的（空间）运动，以及人们向常住国之外的城市的遗产地、艺术与文化展示、艺术与戏剧等特定文化吸引物所做的运动。第三种观点是在第二种观点基础上采取了某种经验路径，认为动机

本身是无法容纳文化旅游的整体规模的。文化旅游所涉及的对于独特社会结构、遗产以及地方特色的意义体验，或者对于更深理解的探寻，反倒更为重要。以上几种观点各有局限。第一种观点从旅游关联性出发，认同将文化旅游定义为旅游的一种形式，而不是文化遗产管理的一种形式。第二、第三种观点，从动机性和经验性出发，认识到文化旅游者与一般旅游者的动机不同，但在实际操作中很难据此确定文化旅游者所需要的旅游产品类型。因此，澳大利亚学者希拉里·迪克罗在综合以上几种观点的基础上，兼顾文化旅游所涉及的四种要素：旅游、作为基础构建的文化资产、产品消费和旅游者，从市场营销的角度提出文化旅游的定义：文化旅游是一种旅游形式，它依赖于目的地的文化资产并将它们转化成可供旅游者消费的产品。只有将文化旅游看作一种消费性产品，才能将文化资产转化为文化旅游产品，从而实现效益。基于此，人们对文化旅游产品的研究已有长足进步，目前归纳了逾10种的文化旅游产品，包括考古遗址、废墟、主题公园、工业遗产、运河、历史城镇、海滨度假区、地方民俗、宗教场所、民族手工艺、战争遗址、食物、体育运动，等等。

（二）文化旅游产品品牌建设的内容

一个品牌应该包含产品属性、利益、价值、文化、个性和使用者几方面的含义。直接体现为一套复杂的符号系统。这套符号系统以文化旅游产品名称的标识为基础，通过视觉的、口头的、听觉的多维符号整合传达给旅游者，以影响旅游者对城市旅游的认知，强化与经营者表达相一致的认知或修正旅游者的认知偏差。

1. 文化旅游产品化是进行品牌建设的基础

首先要立足文化旅游产品本身才能谈品牌建设。好的品牌具有持续性竞争力，品牌的构建基础是产品。不是所有的文化资产都能转化为成功的文化旅游产品。当文化资产具备足够的市场吸引力时才具备作为文化旅游产品成功的可能，强劲的市场吸引力建立在文化价值基础上。其次是产品的物质价值，规模是否够大，是否能有游客接待力等。最后才能考量旅游价值和体验价值。因此，在进行文化旅游产品品牌建设时应对产品本身在物质与文化两方面做好充足的考量，只有具备以上条件，品牌建设才能顺利实施并发挥效能。产品质量是品牌建设的基础。

2. 产品品牌定位

文化旅游产品，品牌定位非常重要。目前旅游业已经发展到"品牌竞争"阶段，文化旅游品牌能够对旅游者形成巨大的推动效应，成为旅游者目的地选择的重要影响因素，要使品牌发挥作用，关键在于品牌的定位。"定位就是某一产品或服务的重要品质，从而能够以有意义的方式向消费者展现其有别于竞争产品或服务的特色（内含利益）。""定位是组织设计出自己的产品和形象从而在目标顾客心目中确定与众不同的有价值的地位。"文化旅游产品的定位应从文化价值入手，不同的文化旅游产品类型有不同的产品内容，梳理其最具代表性和差异性的部分，遵循可操作性原则，以长期动态化构建的思想完成产品定位。

3. 文化旅游产品品牌传达

旅游品牌定位要完整有效地传达依赖于品牌的设计。文化旅游品牌的设计包括品牌名称、品牌标志、文化资产管理者和旅游经营者关于文化旅游品牌的"表达"。这种表达是复杂的，但在品牌传达范畴往往体现为一句核心宣传语，即宣传口号。品牌设计应遵循易记、含义丰富性、可接受性、可转移性、适应性与保护性几个原则，力争做到简洁、准确、情感、创意和便于营销的高度统一。

4. 文化旅游产品品牌的管理

品牌的建设离不开系统的管理，而文化旅游产品的管理还涉及文化资产的管理。能成为文化旅游产品的基础是具有可开发性的文化资产，对文化资产的管理目标是为后代保留物质和非物质文化资产中具有代表性的样本。因此，对文化旅游产品的管理除了使文化资产得以使用，也是对文化资源的保护，品牌的建立能使文化资产产品与文化资源的保护得到良性循环发展。

（三）战略定位和总体思路

1. 明确品牌建设思路，以文化旅游产品发展为指导，以政府为导向，将海洋旅游品牌化作为旅游规划的新要求

在连云港海洋旅游品牌的建设中，要明确其核心在于文化产品定位及深化。品

牌的基础是产品，产品定位清晰才能推进品牌建设。连云港海洋旅游，应根据资源吸引型和需求推动型产品类型特点，以自然与人文资源为基础，以促进度假休闲为目的，进行品牌建设。

2. 以区域进行旅游品牌多级构建和维护

连云港城市旅游宣传口号是"山海连云，西游圣境"，这个宣传语意象化了连云港城市名，并对西游文本进行了借用，取"圣境"两字包装。连云港海洋旅游品牌建设第一级是做好城市旅游形象与地区海洋旅游品牌形象的统一性，第二级是做好海洋旅游品牌形象与具体海洋旅游产品品牌形象的统一，并严格塑造多级品牌形象，做好品牌维护。

（四）发展目标

首先，旅游形象定位，完成游客对旅游地的形象认知，强化西游记与海洋旅游资源的关系；其次，构建旅游地品牌，提高游客的满意度，提升旅游地美誉度；再次，将形象认知转化为旅游行为；最后，达到增加旅游地吸引力的目的。

（五）重点内容

连云港海洋旅游品牌建设主要涉及两方面的内容：一是以连云港城市品牌组合思路为基础，进行海洋旅游的品牌建设；二是做好海洋旅游产品，产品做好了才能建设好品牌，避免出现大品牌对应小景点，或者景点品牌缺失等情况。

连云港海洋旅游品牌建设分几个阶段：一是产品定位阶段，对连云港海洋旅游产品而言主要涉及定位调整与升华两方面问题。二是导入城市品牌形象的海洋旅游品牌策划与规划阶段。前面已述，连云港海洋旅游品牌的建设策划应从自然和人文资源入手，找到独特性，以休闲游为发展目标，做好相应的品牌长期规划。三是整合营销阶段，将传统营销手段与新媒体营销方式相结合，强势宣传，完成品牌形象的转化，培养品牌忠诚，提升品牌价值。

五、连云港海洋旅游品牌建设发展对策

在品牌建设前期应以政府引导,作统一的规划制定,政策保障企业投资,政府主导审查企业资质与有效监督,并对其提出产品建设要求,如应体现地方文化特色,应注重环境保护,需提供优质服务等。

(一)加强环境保护,使品牌建设能持续

海洋旅游资源是珍贵、脆弱的,应以"合理开发,永续利用"为指导原则,制定严格、详细的环境控制措施,规范游客和建设方行为,严禁破坏植被,设置废弃物处理系统,保护好水体、动物及文物古迹。

(二)对海洋旅游产品统一管理,加强监督,使品牌建设有保障

建立专门的连云港海洋旅游管理机构,在各海洋旅游产品景区增设旅游咨询机构,加强海洋旅游产品开发,维持品牌信誉和秩序。

(三)健全二级海洋旅游品牌建设

目前,连云港海洋旅游产品还不够丰富,产品类型不明确,可多开发二级海洋旅游品牌。连云港海域宽广,具备建设国际港口的条件,有利于发展邮轮旅游。连云港有原生态渔村,可发展特色渔村风情,增加地区海洋文化节日庆典。利用现有条件,增建海洋体育设施,发展滨海水上活动基地。合理利用近岸岛屿,开发海岛游。打造连云港滨海疗养度假区。

(四)顺应地方文脉,把特色文化内涵注入不同的旅游配套设施,强化品牌

地方文脉往往反映并构成一个区域的基础,是区域旅游品牌规划的出发点。连云港已确定以西游文化助推城市旅游,连云港海洋旅游品牌建设中应呼应西游文化,并在其他的海洋旅游产品中体现西游文化内涵。只有如此的品牌建设才能发挥区域合力,使整体品牌形象魅力有别于同类产品,扩大客源市场。

（五）以品牌识别为导向，设施建设差异化，旅游纪念品独特化

品牌的建设是系统工程，既有抽象文化精神的部分，也有具象物质实体的部分。海洋旅游景区内的建设设施在改造和修建时应根据品牌特性进行差异化设计，融入品牌文化元素，合理创意，加强品牌识别性。同理，旅游纪念品的设计开发也应遵从品牌内涵，便于统一的品牌营销。

（六）加强人才培养

连云港海洋旅游品牌建设离不开优秀人才，因此，要依托地方高校，加强人才建设和储备，完善激励约束机制。同时，提高旅游从业人员素质，提高服务质量。

（七）借鉴国内外先进经验

以品牌的超前意识来引导和规范游客的消费，以此实现品牌文化的不断充实和可持续发展。用信息时代的科技，提升信息传达的效能。

（八）勇于创新，整合相关产品发展文化旅游品牌

海洋旅游属于文化旅游中的一个类别，从文化旅游的角度来看待，可以为连云港海洋旅游品牌建设提供新的思路。一个具有文化属性的旅游品牌的建立是困难的。尽管所有的旅游都包含着文化体验的成分，但并不意味着所有的文化资产都能成功转化为产品。在产品发展到一定程度需与文化结合营销时，更应认真理清文化旅游的真正内涵。文化旅游产品是一种营销而不是推销，转变对文化旅游产品的认识，各方联动，将文化活化才能使得产品具有真正的持续竞争力。

连云港市特色小镇培育与发展研究

一、引言

连云港市有着悠久的历史和人文底蕴，自然环境优越，作为江苏沿海大开发中心城市、国家创新型试点城市和国家东中西区域合作示范区以及新亚欧大陆桥东方桥头堡和新亚欧大陆桥经济走廊的第一个节点城市，随着"一带一路"倡议的推进，其在江苏省乃至国家对外开放和经济建设中的位置更加突出。

为了适应现代产业的跨界合作和发展，近年来许多地方积极践行新型城镇化发展理念，2016年7月国家发展改革委更是专门印发了《住房城乡建设部、国家发展改革委、财政部关于开展特色小镇培育工作的通知》，明确提出到2020年，"在全国范围内培育1000个左右各具特色、富有活力的休闲旅游、商贸物流、现代制造、教育科技、传统文化、美丽宜居等特色小镇，以培育壮大新兴产业，打造创业创新新平台，发展新经济。"在首批住建部公布的127个特色小镇名单中江苏省有7个小镇入选。连云港市虽然人文与自然条件较好，但在特色小镇的建设与培育方面已经落后于一些苏南、浙江及其他旅游发达地区，这需要我们加快建设步伐、更新观念，借鉴其他地方成熟管理机制和成功案例，广泛遴选、集中突出建设，使特色小镇的培育和发展成为连云港市经济文化建设新的增长点。

目前连云港市将特色小镇的打造和培育列入经济发展规划，在市"十三五"发展纲要中列出将重点培育和建设11个重点特色小镇。其中有以旅游观光休闲为发展主体的东海县温泉养生小镇、浦南月光颐养小镇、海州区锦屏旅游小镇、连云区宿城特色旅游风景小镇、连岛海滨风情特色小镇、灌云县镜花缘主题小镇、赣榆区宋庄丝路小镇、赣榆区海头赶海小镇；有以文化结合产业经济为发展主体的东海县水晶小镇、灌南县汤沟酒文化特色小镇、赣榆区现代化物流贸易小镇。从市政府的规划定位来看，连云港市的特色小镇大多以旅游文化为主要培育内容，但从政府的相关文件和建设内容来看，目前各培育项目还仅停留在如道路、场馆等基础建设阶段，对于特色小镇的"特色"内涵还需要进一步挖掘。

本研究尝试对于其中的几个典型小镇培育项目进行分析，从设计学的角度研究分析其文化内涵定位和相关环境规划布局等，以期为地方政府提供一定的规划建设方面的理论参考依据。通过研究，能更好地理解和执行中央关于建设培育特色小镇的目的和精神，更能为连云港市的特色小镇建设提供一定的理论参考意见。

二、连云港市特色小镇培育与发展现状

（一）基本情况

连云港有着悠久的历史文化传统，有着丰富的人文景观，如花果山、连岛、宿城景区以及具备文化开发价值的东海水晶城、温泉镇等购物休闲场所，在培育建设特色小镇项目上具有鲜明的特色和优良的先天条件。但因为各种原因这些可以作为特色小镇培育的地区其相关文化旅游内涵方面的开发与研究一直滞后，文化旅游产业的定位和形式过于陈旧与单一，还有一些地方整体建设规划不尽合理或是不够完善。缺乏主题性产品或者对于产品的内涵挖掘不充分使特色小镇的培育特色不够鲜明。

（二）主要特点

连云港市的特色小镇建设与其他地方相比较，还基本停留在简单的环境建设上。在相关资料表述中能看到对如道路、环境、设施的一些基本建设要求和进展情况反馈，但深层次的文化如何与经济相结合，并进一步将文化内涵体现在整体规划中，可能各级政府和相关部门的工作做得还不够。虽然政府相关职能部门已经认识

到这一点，但因为以前的基础过于薄弱，经验较为欠缺，原有的旅游文化产业结构单一，没有得到有效的整合和利用，特色小镇的培育开发还处于初级阶段。

三、连云港市特色小镇培育与发展问题

以连云港这些年来重点打造的西游主题为例，特色小镇项目完全可以与其充分结合，但很可惜的是首次规划中没有与花果山相关的特色小镇培育计划。游客到连云港旅游，花果山是必去的地方。花果山周边风景优美，前有大圣湖山水一色，继有花果山花果飘香，国内外知名度也较高。吴承恩笔下的花果山更是鲜花盛开、四季瓜果不绝，山中云雾缭绕、森林茂盛如仙境一般，所以才有了那般引人入胜的神话所在——孙大圣的老家应该是集灵气与美丽于一身的。做旅游文化，就应该追求文化的本质和精髓，而不是简单地罗列相关人物和故事。人造景观不能很好地反映出对应的文化内涵，景观建设缺少更深层次的规划和叙事性，对于旅游文化产业定位的偏失只能使好的旅游资源流于平庸化而丧失应有的魅力。

海州古城周边也是本次特色小镇建设规划的失落者，古海州可以打文化牌的地方很多，始皇东巡、凿壁偷光的故事都与连云港有着一定的联系。连云港是道教的发源地之一，东汉于吉所作的《太平清领书》是道教早期的理论经典，它化育了最早的道教组织"太平道""五斗米道"和"天师道"。东晋的葛洪、隋唐的成玄英和标志道教理念从出世到入世的吕洞宾都出身于古代海洲地域。元代以后，连云港云台山道教规模壮大，连云港云台山在古代称为羽山，道士的别称羽士、羽客、羽化等都说明了古海州和道教的渊源，建设特色小镇可以将这些文化经济元素纳入研究和规划建设范畴。目前海州古城周边已经在观念、规划等方面严重落后于时代和发展需要，不远的山东台儿庄古城就可以作为我们的参照，从极为优秀的规划设计到精良的制作让台儿庄很快进入5A级景区的行列，游客好评如云，而我们可以称道的古海州城却逐渐被遗忘。

当然，本次列出的11个特色小镇培育项目的确也都有各自可以建设的充分理

由，市政府有各地区平衡发展的考虑因素。这样做同样也需要各级政府与相关部门花大力气组织相关人员研究讨论并投入更大的资金和政策支持，抓住国家提倡的建设特色小镇的良好机遇，进一步为连云港市的文化旅游发展和特色产业发展增加亮色。

四、连云港市特色小镇培育与发展思路

特色小镇建设要与当地特色文化紧密结合。连云港主推的西游文化是连云港旅游文化中特色最为鲜明、最具魅力的资源之一，紧紧围绕西游主题，一些可以与西游文化相关联的小镇项目应该组织专家对深入人心的西游人物形象进行深层次的开发和利用。从西游记人物的文化内涵来分析，通过对其剧情结构、社会主流意识审美和深层次精神的分析，研究从传统审美到现代审美的规律对形象的演变影响，研究探讨与西游记相关的文化产品开发的可行性等，这些主题性文化产品均可以与特色小镇旅游或产业密切关联。围绕小镇文化旅游产业建设深层次定位和设计，在自然形态和人工建造之间打造一种平衡的式样。连云港因为地理环境的优势，南北的许多植物都能在此成活，使大面积多种类的种植花果成为可能，优良的植被条件和湿润的气候条件使蓄水的方式可以得到多样的选择。从人的审美习惯和生活习惯来说，山有了水才具备灵性，目前连云港市规划建设的特色小镇大多在建设范围内水资源充分，但利用缺乏深度，应该考虑通过科学的方法加以解决。在小镇的景观设计方面，精心设计的景观和自然的野趣互相辉映，可以加进去一些人文设计的成分，但一定要与环境相匹配。对于旅游休闲类特色小镇的文化产品开发应追求多样化、精品化，一些粗制滥造的产品有关部门应该加以限制，在质量和工艺上相关部门应严格把关，有意识地将一些现代元素、时尚元素引入特色小镇的旅游文化产品设计意识中来并减少和杜绝以次充好、山寨盗版的情况发生。

五、连云港市特色小镇培育与发展对策

（一）组织领导

特色小镇培育建设是一项重要而艰巨的任务，必须由强有力的领导班子专门主抓，连云港市委市政府应该由主要领导担任专设部门或机构的领导并负责，有统一的建设规划和培育目标，切勿由各建设点自行发展建设。同时，市政府的相关部门也应有配套的政策对这些项目进行支持。政府明确支持的重点小镇建设项目，首先要制定相关的融资方案和融资渠道，对小镇培育项目的产品进行规划设计、产业进行构建、项目操作实施设计，争取获得社会资本的进入。其次要找准小镇自身定位和特点，研究产业环境、人口和公共资源等方面的特殊性，科学规划相关产业布局，从文化、旅游、社区、生态方面构建新的社会聚集群体。

（二）体制机制创新

通过对国内外特色小镇成功案例的分析和总结发现，这些特色小镇项目均具有以下鲜明特点或特色。

1. 特色小镇拥有较大的自主权

特色小镇一般都拥有较大的自主权，如相对独立的财政权利、规划和管理权利，小镇建设要重视对公共服务领域的投资。特色小镇建设需要聘请专业人员与居民充分协商沟通，参与区域规划战略，负责指导城镇开发建设等，这些措施能够保证地方政府在发展和运营公共服务中得到相应的支持。

2. 特色小镇具有专业化的产业集群

一些传统手工艺发达的城镇，对私人手工艺作坊和从业者格外重视并给予政策上的支持，通过政府干预的形式为传统手工艺产业的生产、广告宣传和扩大市场起到积极的作用，同时注重对产品的开发、技术和设备的升级以及从业者的培训。通过政府与企业的合作，这些企业普遍具有较高的服务水平，凭借产业的聚集效应在全球化市场中增强自身竞争力。

3. 特色小镇一定需要保持与大城市的合作疏通

在全球"都市化"潮流下，小城镇是大都市与偏远地方的交汇点，国家的经济战略、医疗教育等方面发展进程从大都市到地方也让扮演"中转站"角色的特色小镇受到更多的关注，这些都从另外的方面促进了城镇的基础设施建设更加完善。

4. 特色小镇总体上遵循外推型和内生型的建设机制

外推型指依靠某种外部力量推动建设而成的小镇，包括城市辐射、外资注入及引进科技推动；内生型则指依靠自身发展成长起来的小城镇。每个小镇具体的形成契机与发展路径极具个性，存在一定的不确定性。

（三）重点对策措施建议

1. 政策对策

建设特色小镇涉及方方面面，市委市政府必须将特色小镇创建上升成为适应和引领经济新常态、加快产业转型升级和培育经济新增长点的重大战略。在资金上不能仅仅依靠各规划建设点自己的力量，应该在市级财政上给予最大的支持。在兼顾产业发展与文化旅游相结合的东海县水晶小镇、灌南县汤沟酒文化特色小镇、赣榆区现代化物流贸易小镇等项目建设的同时，要注意搭建现代信息技术研发与服务的创业平台。在创业平台的基础上吸引资金投入和人才汇集，同时平台的培育建设对于推动互联网创新创业、加快信息技术发展也能起到积极的促进作用，做到以特色小镇为载体，提供场地、投资与服务。

2. 精神对策

建设特色小镇，首先要明确特色小镇的精神内涵，通过总结提炼浙江省培育特色小镇较为成功的经验，建设这些项目的地方政府应该具备以下思路。

（1）"非镇非区"的内涵概念。特色小镇不是原有的行政建制村镇，是政府搭建的具有特色产业链支撑，并兼具旅游文化和社区功能的发展平台。

（2）"一镇一业"的产业定位。特色小镇的培育和发展必须聚焦相关产业或根据历史沿革来建设。特色小镇要紧紧围绕其产业发展趋势和方向，延长产业链条，形成集群发展和规模效益，降低企业生产成本。

（3）"产镇融合"的功能聚集。特色小镇需要聚集产业、文化、旅游和社区四大功能，注重新兴产业培育和传统产业改造提升。

（4）"精致美丽"的建设形态。特色小镇的建设要坚持生态优先，在小镇的环境和生态特色上下功夫。特色小镇建设要充分利用原有自然人文资源的同时做好整体规划，彰显独特小镇的风情。

特色小镇建设除了需要良好的经营理念和现代化管理意识外，还需在小镇的规划与细节设计方面投入较大的精力和资金。首先，应该对各建设项目进行文化层面的解读与归纳；其次，通过对国内外建设成功案例的调研与分析，及时有效地总结和设计研究具有独特创意和理念的小镇旅游文化产品，努力开拓其精神内涵。作为连云港地区的特色小镇建设项目，在沿海文化、海州历史文化、西游文化、水晶文化等相关产业打造上推陈出新，在内容创新和精神升华上做文章，在主题鲜明的前提下明确特色小镇相关的如特色旅游、特色餐饮、特色旅游工艺品、文化产业建设，做到围绕主题的多元映射。

连云港是一座山海相依、海岸线岛礁散布、海阔沙平的海滨城市，其风景秀丽、海产品丰富，在明、清两代就有画家对连云港的美景做了具体描绘。随着近年来东西连岛的建设，一个具有较好旅游条件和设施的旅游景区逐渐成熟。在规划中的连云区宿城特色旅游风景小镇、连岛海滨风情特色小镇项目培育建设中，应该考虑在作为休闲旅游文化产品的海滨度假胜地的地域特色方面下功夫，采用流行元素与传统和地域文化相结合的手法对小镇建设范围内的园林规划、景观小品进行精品设计，使特色小镇兼具时尚美和自然美的双重元素。充分发挥海滨及连岛旅游区博采众长、兼收并蓄的后发优势，积极借鉴周边先进旅游区域发展模式，把产业发展与旅游休闲、宜居生态等多种要素有机结合，以产业融合、创新发展，按照山海相依，水天一色的自然风貌，着意营造特色旅游风情小镇的灵秀之美。一些渔村建筑也应该适当地加以保留并进行功能改造，成为具有特色的酒吧、休闲餐饮场所，园林绿化的造型与色彩应该鲜艳而别致，具有较强的设计感。在景观规划设计中，要注意人工与自然环境的融合。

东海温泉是连云港市极具休闲旅游吸引力的一个品牌，将东海县温泉养生小镇列入特色小镇建设培育目标是连云港市的特色小镇建设一个必不可少的举措。东海温泉与相邻的山东临沂观塘镇相比，优势并不明显，甚至在规划和建设理念上较为落后。东海温泉养生小镇打造除了要考虑到温泉镇街区、道路景观的改造与规划是创建旅游环境的基础，给温泉旅游打造合适的文化品牌并进行有效的推广、引入国内外先进的经营模式和管理经验让文化旅游产品跟上时代的发展和需求以外，更要考虑研究总结提炼东海温泉镇的优势与特色内容。是否可以考虑与具有悠久的历史和广泛美誉度的东海水晶文化结合，进一步开发与水晶文化相关的产品也是连云港旅游产业发展需要研究的问题，目前东海的水晶产业与温泉产业还处于相对独立的两条发展路线，如何将二者有机结合，互相促进提升是一个重要的策略。入住东海水晶产业的商家和旅游观光客的休闲生活需求同样是东海温泉休闲产业发展的一个巨大契机。因此，在建设特色小镇时应该考虑到将周边的建筑景观与水晶文化推广同时进行设计营造，温泉养生小镇的管理应该具有国际化的视野，既现代又不失民族传统，既商业化又兼具审美品位。东海温泉小镇建筑规划设计应在引入地方文化特色的同时注重加强养生概念的营造，在视觉与空间形象上下功夫，在方案策划上下功夫，在产业规划上要拓展原有旅游产业链，给单一的温泉休闲旅游赋予更多的文化和品质内涵，提升旅游文化品牌层次。在东海水晶小镇的公共文化场馆与设施设计上应该进一步强化挖掘东海水晶的文化要素，注意发挥"水"之文化元素，让水景、水晶、温泉等相关主题元素相互辉映、相得益彰。在从事水晶设计与制作的人才引进和培养上需要"走出去，引进来"的原则，原来多数从业人员都是一些传统家庭作坊式的工艺生产者，其具有一定的工艺制作经验，但是这些人员的审美水平普遍不高，生产出来的产品基本都是没有太多创意和设计感的传统题材作品，一些新的产品形象和工艺流程受其教育和欣赏水平的制约不能符合现代的审美和功能需求。应该加强引进国内外高水平的制作人员及雕刻工艺美术大师，带动水晶产品工艺及其行业的提升；积极与高校及培训机构合作，在设计方面紧跟时代的步伐和节奏，满足人民群众日益增长的审美需求。

汤沟酒文化特色小镇是利用白酒知名品牌汤沟酒企业建设的特色小镇。汤沟酒的历史久远，最早可以追溯到北宋年间，现在还保存有明代的"黄泥老窖"。汤沟镇水资源条件优秀，其独具的"香泉"呈弱酸性，富含镁、锰、钾等多种矿物，有利于酿酒中的糖化、发酵，其白酒产品口感厚重，回味绵长。清代戏剧家洪升、孔尚任分别写下"南国汤沟酒，开坛十里香""汤沟传奇水土，美酒绝世风华"等名句来赞美汤沟酒。目前汤沟镇相关企业在挖掘自身历史文化和产品宣传方面做出了许多成绩，但总体上看中国白酒文化方面的研究力度偏弱，对中国白酒的品尝本身是抒发情感、增进人们交流的一种重要方式和手段，但因为当前社会因为健康等诸多因素，大众对白酒的认识发生了转变，如何在提炼酒文化上下功夫是白酒企业和相关特色小镇建设和培育过程中需要解决的问题。小镇建设中除了考虑必要的规划和建设项目以外，还要建设如白酒文化历史博物馆、白酒酿造工艺展示场馆等，向民众充分展示中国白酒的渊源和历史，同时开发与汤沟镇有关的如舞台剧、音乐剧等文化演艺产品，开发对应的工艺美术产品，充实特色小镇的文化内容和特色内容。

建设和培育特色小镇要与连云港市民俗文化相结合。民俗是民间文化的一种传承，它是沟通传统与现实、精神生活与物质生活的纽带，它的脉络延伸到社会的各个角落，并将一直伴随着一个国家和民族向前发展进步。主要通过人为载体，进行世代传承的文化现象就是民俗文化。这些年来，民俗旅游正日益成为一种时尚，它是一种更高层次的旅游方式，人们在民俗旅游的环节中感悟民族发展的足迹和生存状态，满足了游客求新奇、求知、求乐的心理需求。连云港作为一个有着悠久历史的名城，其民俗文化符号至今尚未予以充分挖掘，诸如古海州众多的历史和传说、孔望山与连岛的一些著名石刻、历史悠久的淮海戏、五大宫调、灌南县的汤沟酒、灌云板浦镇的滴醋等民俗产品以及赣榆区的黑陶，等等。这些传统的民俗文化和产品是连云港"海古神幽"的城市名片，民俗产品、民俗旅游、民俗表演都是具有重点开发价值的旅游文化产品，这些产品经过充分的开发和利用都可以成为连云港市相关特色小镇的主打节目。目前，亟须提高民俗产品、民俗表演、民俗旅游的水平和档次，这种文化上的"软环境"与特色小镇建设的"硬设施"相结合，必定会给连云港市的经济文化增添新的亮点。

第三篇
海洋服务管理

江苏海洋公共服务供给体系建构研究

一、引言

海洋是经济社会发展的重要依托和载体，建设海洋强国是中国特色社会主义事业的重要组成部分。党的十九大报告提出，要加快建设海洋强国，而建设海洋强国需要政府提升海洋公共管理的水平，建构完善的海洋公共服务供给体系。

改革开放以来，江苏省政府出台了一系列海洋发展的政策性文件并加大对海洋事业发展的投入力度。在经济新常态和产业新业态的背景下，海洋经济成为江苏转型升级的关键点，海洋成为江苏缓解资源瓶颈的突破口，沿海城市海洋经济社会发展取得了显著成绩，海洋公共服务体系初步建立起来了。与此同时，由于长期以来，江苏省海洋公共服务供给机制体制不健全、基层政府财权与事权不对称的海洋管理体制影响着海洋公共服务的供给，江苏海洋事业发展面临着海洋公共产品供给不足、供给模式单一、供给体系不健全等问题，严重影响海洋强省建设和服务型政府的建立。因此，加强江苏省海洋公共服务理论研究，有助于系统研究海洋公共服务的理论体系，为江苏省海洋公共服务供给体系的建立提供理论指导和支持。

江苏省是我国的海洋大省，海洋资源丰富，区域优势明显，在我国"一带一路"建设和海洋强国建设中扮演着重要的角色。长期以来，江苏省一直致力于建设海洋强省，提升海洋公共服务能力，但目前在建构完善的海洋公共服务供给体系中存在着一些亟待解决的问题。

二、江苏海洋公共服务供给体系发展现状

（一）江苏省海洋事业发展概况

"十二五"期间，江苏海洋事业克服经济增长传统动力减弱、海洋发展风险增加、涉海矛盾增大等多重困难，在海洋经济、海洋资源利用、海洋生态环境、海洋科技、海洋综合管理等领域取得了显著成就。

1. 海洋经济总体稳健运行

"十二五"期间，全省海洋生产总值由3551亿元增至6400亿元，占全省地区生产总值的比重由8.6%提升至9.1%。海洋产业结构更加优化。2015年全省海洋第一产业增加值288亿元，第二产业增加值3037亿元，第三产业增加值3081亿元，三次产业占比为4.5∶47.4∶48.1，海洋第三产业占比首次超过海洋第二产业。海洋工程装备、海洋新能源、海洋交通运输等海洋优势产业发展水平位居全国前列。

2. 海域海岛管理效能提升

在全国率先打通海域管理的"神经末梢"，建成省级及省"两沙"办、沿海3个市级和15个县（市、区）海域动态监管中心，形成三级联网运行的海域动态监管系统。在全国省级层面首个出台海域使用权直通车制度，在全国率先启动县级海域动态监管能力项目建设，响水县成为全省首家挂牌的国家海域动态监管中心单位。开展达山岛、外磕脚、麻菜珩等领海基点的保护监测，部署达山岛、秦山岛、外磕脚、阳光岛远程视频监控点。编制年度海域和海岛监测分析报告，出版《江苏省沿海海域影像地图图集》。"十二五"期间共确权用海1388宗、面积21.59万公顷，对全省28万公顷养殖用海开展核查，首次建立全省养殖用海数据体系。开展海域使用疑点疑区监测，发现50宗疑点疑区用海，共享至海洋执法部门进行立案查处。赣榆区秦山岛保护与开发利用项目获得国家海洋局扶持资金1.1亿元。

3. 海洋环境监管更加健全

建立"海域—流域—控制区域"三级水污染控制体系，严格控制各类污染物排

放。加大海州湾、灌河口、苏北浅滩等重点区域污染防治力度，有效降低入海污染物负荷，近海、远海海域环境状况总体良好。海洋环境监测机构实现沿海县级全覆盖，建成海洋立体观测网。加强海洋环境突发事件应急处置，浒苔治理初见成效。加强对沿海工业园区入海排污口的监视监测，采取突击检查，对排污入海监管保持高压态势。加大海洋生态修复力度，建立海州湾、小洋口、海门蛎岈山3个国家级海洋公园。开展射阳河口生态修复、如东海岸生态廊道等生态修复示范项目。积极开展海洋环境污染损害生态赔偿，落实各类海洋工程生态补偿资金超过4亿元。

4. 海洋科技实力持续提升

科技兴海基地和平台建设稳步推进，组建海洋装备和海洋生物两个产业技术合作联盟，成立江苏科技大学海洋装备研究院、江苏省新能源淡化海水工程技术研究中心、淮海工学院海洋药物活性分子筛选重点实验室和海洋生物产业技术协同创新中心等海洋科技研发平台和机构。圆满完成"江苏近海海洋综合调查与评价"专项工作，构建了"江苏数字海洋"信息基础框架。2014年，江苏被财政部、国家海洋局列入国家海洋经济创新发展区域示范省，重点支持的海洋工程锚泊系统超高强度R5系泊链、海洋工程装备高性能涂层材料、海洋水声仪器等研发及生产等项目技术成果达到国际先进水平。"海域海岛无人机监测技术体系与应用"科技项目荣获国家2015年度测绘科技进步二等奖。成功研制水下滑翔器、水下对讲机、侧扫声呐等高端海洋观测探测装备。

5. 海洋法治建设富有成效

海洋执法能力不断加强，投入近3.7亿元建成南通、连云港两个维权执法基地，列装1艘1000吨级、1艘600吨级海监船和8艘海岛保护执法快艇。积极开展"海盾""碧海""海岛保护"等专项执法行动，执法领域从单一的使用拓展延伸到海洋工程、海洋倾废、海洋排污、海底电缆管道保护、海岛保护全方位执法领域，有效遏制了涉海"三边工程"、偷排超排、非法盗采海砂等高发态势，"十二五"期间共查处案件563宗。中国海监5001船参与钓鱼岛、东海油气田、南海981平台等维权执法，维护了我国的海洋权益。开展了清理取缔"绝户网"、打击涉渔"三无"船舶专项执法行动，依法维护沿海开发与渔业生产秩序。

6. 海洋公共服务不断完善

海洋信息化建设取得较大成就，建立包括海域和海岛基础地理信息数据、卫星（航空）遥感影像、三维实景数据、海洋功能区划数据、海域确权数据、海洋经济数据、新增污染源调查数据等"一张图"。海洋观测大浮标和主要入海河口在线监测水质浮标成功布放并投入使用。将卫星（遥感）、激光雷达探测等技术应用到海域动态监管业务，初步建立了集无人机、应急监控指挥车和无人船于一体的海域应急指挥监控体系，成为全国无人机业务的应用示范。海域无人机监测达80个航次，获取分辨率为0.1~0.2米的高清影像资料近2T，航拍面积累计达4200平方千米，覆盖了江苏全部近岸海域，直观展示了近岸海域资源现状、重点项目动态、岸线滩涂状况等使用变化情况。建成渔船数据中心及机房，为全省提供渔船数据存储及应用服务。建成8个用于海洋渔业安全生产的AIS基站，南通市海洋气象观测站点建设密度全国最大。在全国率先建成省级海洋经济运行监测与评估系统，并开展市级海洋生产总值核算。海洋防灾减灾应急制度初步建立，主要海洋灾害预警体系初步形成。

（二）江苏省海洋公共服务供给面对的机遇与挑战

江苏"十三五"海洋经济发展要深入贯彻习近平总书记系列重要讲话特别是视察江苏重要讲话精神，紧紧围绕"四个全面"战略布局，牢固树立创新、协调、绿色、开放、共享五大发展理念，坚持聚力创新、聚焦富民，主动适应并引领海洋经济发展新常态。加快供给侧结构性改革，以构建现代海洋产业体系为重点，以海洋科技创新为支撑，以海洋产业绿色发展为导向，以涉海基础设施和公共服务为保障，以改革开放为动力，打造创新引领、富有活力的全国海洋先进制造业基地、海洋科技创新及产业化高地、海洋产业开放合作示范区和海洋经济绿色发展先行区，拓展蓝色经济空间，初步建成海洋经济强省，为"强富美高"新江苏建设提供强力支撑。

江苏海洋发展蓝皮书（2019）
Jiangsu Blue Book on Ocean Development (2019)

"十三五"期间，江苏将坚持"陆海统筹、江海联动、集约开发、生态优先"的原则，综合发展基础、区位特征与资源禀赋，进一步优化海洋经济空间布局。着力提升"一带"，打造"L"形海洋经济发展带（沿海海洋经济核心带和沿江海洋经济支撑带）；培育"两轴"，构建腹地海洋经济成长轴（沿东陇海线海洋经济成长轴和淮河生态经济带海洋经济成长轴）；做强"三核"，推进海洋经济重大载体建设（连云港市"一带一路"交汇点核心区先导区建设、盐城市国家可持续发展实验区建设、南通市陆海统筹发展综合配套改革试验区建设）。

江苏海洋经济的重点任务：一是着力构建现代海洋产业体系，到2020年，基本建成全国现代海洋产业高地。二是强化海洋科技支撑引领作用，深入实施科技兴海战略，推动各类科技资源向海洋产业集聚，加快构建以企业为主体、市场为导向、产学研相结合的海洋科技创新体系。三是推进海洋生态文明建设。贯彻落实《江苏省海洋生态文明建设行动方案（2015—2020年）》，合理开发利用海洋资源，大力发展低碳绿色海洋产业体系。四是完善涉海基础设施和公共服务体系。围绕海洋产业发展需求，重点加强港口物流、海洋信息、防灾减灾等重大基础设施建设。五是增创海洋经济开放合作新优势。

1. 发展机遇

（1）"一带一路"建设、长江经济带建设、海洋强国建设等在江苏叠加交汇，江苏深入推进"两聚一高"新实践，加快实施海洋经济强省战略，江苏海洋事业将在更高平台、更新理念下实现更健康、更可持续发展。

（2）供给侧结构性改革与扩大内需同步推进，为培育海洋经济新引擎注入强大动力。

（3）海洋科技创新全面推进，一批创新成果有望实现大规模产业化，带动海洋产业转型升级，形成新增长点。

（4）绿色发展理念深入人心，海洋生态环境保护的法规政策体系更加健全，江苏海洋生态环境持续改善。

（5）区域治理体系和治理能力现代化建设扎实推进，海洋综合管理能力将获得更有力支撑。

（6）各项海洋事业相互支撑格局逐步形成，江苏海洋事业有望进入外延拓展、内涵深化、价值提升的新阶段。

2. 面临挑战

（1）海洋经济增长传统动力减弱，海洋新兴产业规模化发展尚需时日，海洋经济新旧动力接续面临挑战。

（2）陆海分割现象仍较突出，港产城联动整体水平较低，集聚海洋高级要素能力较弱，后发劣势不容忽视。

（3）滨海生态环境恶化趋势尚未根本扭转，海洋灾害发生频率较高，海洋资源开发利用相对粗放。

（4）海洋基础数据信息化建设和管理水平仍然不高，存在"信息孤岛"，制约了海洋数据开放共享水平。

（5）涉海部门众多，海洋综合管理和海陆统筹发展的体制机制亟待完善。

（6）涉海矛盾较多，维护海洋安全秩序难度较大，依法用海水平有待提升。

（7）海洋自然灾害、海上搜救等应急处置能力较弱，海洋突发事件处置能力不强。

三、江苏海洋公共服务供给体系发展问题

（一）海洋公共服务供给结构有待优化升级

社会经济生产能力是政府提供公共服务的基础，公共服务的供给结构情况与社会经济结构情况密切相关。地区的海洋经济结构发展水平对区域内地方政府的海洋公共服务供给结构情况具有重要的影响。江苏省是我国的经济大省和海洋大省，地区生产总值与海洋生产总值长期在全国名列前茅。但是江苏省的海洋经济结构水平目前与其他海洋强省之间存在着不小的差距，甚至低于全国沿海地区的平均水平（见表3-1），这在很大程度上制约了江苏海洋公共服务的供给质量。

表3-1 2014年我国沿海地区海洋生产总值构成　　　　　　　　　　单位：%

地区	海洋生产总值	第一产业	第二产业	第三产业
合计	100	5.1	43.9	51
天津	100	0.3	62.1	37.6
河北	100	3.7	49.1	47.2
辽宁	100	10.7	36	53.3
上海	100	0.1	36.5	63.5
江苏	100	5.7	51.8	42.5
浙江	100	7.9	36.8	55.3
福建	100	8	38.4	53.4
山东	100	7	45.1	47.9
广东	100	1.5	45.3	53.2
广西	100	17.2	36.6	46.2
海南	100	22.3	20	57.7

资料来源：《中国海洋统计年鉴2015》。

表3-2 2014年我国沿海地区海洋生产总值　　　　　　　　　　单位：亿元

地区	海洋生产总值	第一产业	第二产业	第三产业
合计	60 699.1	3109.5	26 660	30 929.6
天津	5032.3	14.6	3127.3	1890.4
河北	2051.7	75.2	1008.3	968.2
辽宁	3917	418.7	1411	2087.3
上海	6248.9	4.3	2278.4	3966.2
江苏	5635.2	361.2	2894.7	2379.3
浙江	5437.8	427.6	2004.5	3005.7
福建	5980.3	480.8	2299.3	3200.2
山东	11 288	794.5	5089	5404.5
广东	13 229.8	201	5993.9	7034.9
广西	1021.1	175.9	373.5	471.7
海南	902.1	200.8	180.1	521.2

资料来源：《中国海洋统计年鉴2015》。

从表3-1中可以看出，江苏省海洋生产总值构成中，第二产业所占比重最大达到51.8%，第三产业所占比重为42.6%，低于河北、辽宁、上海等绝大部分沿海地区，而且远低于全国沿海的平均水平51%。而从表3-2中可以看出，江苏省的第三产业海洋经济总值不仅是所占比例低，总产值也远低于广东、山东、福建等沿海地区。这种第二产业主导的海洋经济结构在很大程度上影响了政府海洋公共服务的供给结构。随着地区生活水平的不断提高，江苏居民对于海洋公共服务的质量和水平的要求也在不断提高，已经不仅仅满足于基本海洋公共服务。造成这种情况的主要原因是江苏省政府在发展海洋经济提供海洋公共服务的过程中，缺乏创新活力和长远考虑。非基本海洋公共服务需要投入的成本更多，要求更高，成效周期更长，这也是造成海洋公共服务供给结构不合理的客观原因。

（二）财政对海洋公共服务建设的支持力度不够

沿海地区政府是区域内海洋公共服务最主要的提供者，在海洋公共服务的供给中占据主导地位。海洋公共服务作为一种公共产品，需要投入大量的财力物力。而公共产品带来的收益微乎其微，因此优质的海洋公共服务离不开政府财政的支持。江苏省政府在地区海洋公共服务的供给中，虽然投资数额巨大，并且逐年增加，但与其他海洋大省相比，仍然存在着不小的差距。以沿海地区政府在海洋科研机构基本建设中的投资情况为例（图3-1），2014年，江苏省政府的投资额为48 442万元，远远低于山东的599 151万元、北京的351 460万元、天津的147 965万元、广东的135 022万元等。而江苏省一直以来都是我国的经济强省，2014年的生产总产值达到65 088亿元，财政收入达到7233.1亿元，均位居全国第二。如此强大的经济实力和财政实力，在对海洋公共服务建设的投入上明显力度不够。

造成这一现象的原因有两点：一是江苏省政府对于提供海洋公共服务的意识不足。江苏虽然是个沿海省份，拥有良好的海洋条件，但缺乏对提供优质的海洋公共服务的认识，直接体现在对海洋公共服务建设的投入上，这也是海洋生产总值远远落后于山东和广东的原因之一。二是政府绩效考核体系不完善，导致海洋公共服务的缺失。关于政府绩效的考核标准虽然一直都在逐步完善，摒弃了传统的"唯

GDP"的考核标准，但逐步完善的政绩考核体系并没有真正落实到实际中。海洋公共服务投入大，经济收益低，不利于地区政府的政绩考核，因此财政的支持力度较小。

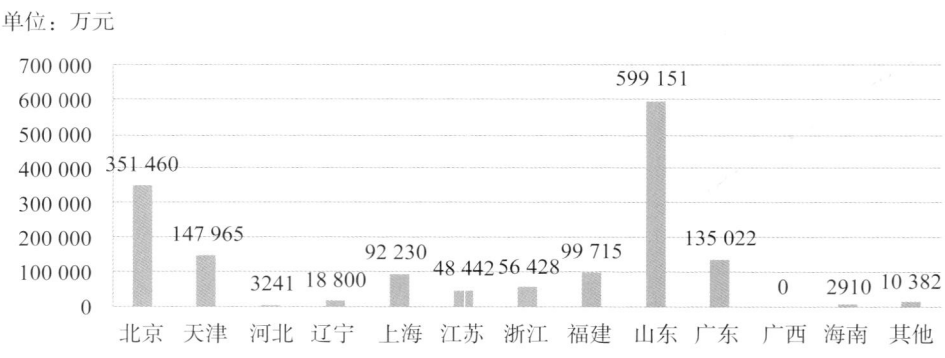

图3-1 2014年我国海洋科研机构基本建设中政府投资情况统计
资料来源：《中国海洋统计年鉴2015》

（三）海洋公共服务供给中公众需求导向机制不健全

完善的海洋公共服务供给体系是政府在充分了解公众需求的基础上，提供优质的海洋公共服务。江苏省政府在提供海洋公共服务方面取得了一定的成果，保障了公众生存、发展的需求。由于海洋公共服务供给中公众需求导向机制的不健全，对江苏省政府海洋公共服务供给的质量产生了影响。海洋公共服务的受众群体是社会公众，社会公众的需求是政府海洋公共服务的供给方向。随着江苏省经济发展水平的不断提高，公众对于海洋公共服务的要求也在不断提高，低水平的基本海洋公共服务已经无法满足公众日益增长的精神文化需求。在物质层面，江苏省政府提供了丰富的海洋公共服务。以海洋化工产品产量为例（图3-2），从2010年至2014年，江苏省海洋化工产品产量总体逐年上涨，2014年产量达到2 523 815吨，已经大大超出了省内对于海洋化工产品的公共服务需求。海洋公共服务供给中公众需求导向机制的不健全导致民众需求无法得到政府关注，公众与日俱增的精神层次的海洋公共服务需求没有得到满足。比如说，政府应该加强对海洋生态环境的保护，让公众拥有良好的海洋生态环境，同时开发更多免费的公共海洋景点，提升公众海洋公共服务的供给水平。

造成海洋公共服务供给中公众需求导向机制不健全的原因有两点：一是政府与公众之间的沟通机制没有发挥实效。优质的海洋公共服务以满足公众的需求为前提，而公众需求的传达尤为关键。虽然目前江苏政府及江苏海洋渔业局都有自己的网站，而且开通了省长信箱和局长信箱，同时传统的信访制度仍然存在，这在一定程度上提供了民意表达的平台。但是由于民众长期以来存在的畏官心态及部分民众不具备使用网络的能力，这些民意表达渠道并没有取得很好的实际效果，政府与公众之间仍然缺乏有效的沟通机制。二是政府回应民意不及时。政府提供海洋公共服务以公众的需求为导向，而公众的需求会随着经济环境的变化而变化，这就要求政府要在海洋公共服务供给中及时倾听民意不断作出调整。而网络技术的应用为民意的快速传达提供了条件，但是其在现实中的应用情况却没能体现出快速的优势。以江苏海洋渔业局网站为例，最新的民意互动情况是2017年5月24日网民询问渔船检验问题咨询哪个部门。这个问题直到2017年5月31日才得到回复，中间历时7天。这种政府回应民意不及时的情况使得政府在公共服务的供给过程中无法及时有效地收集民意。

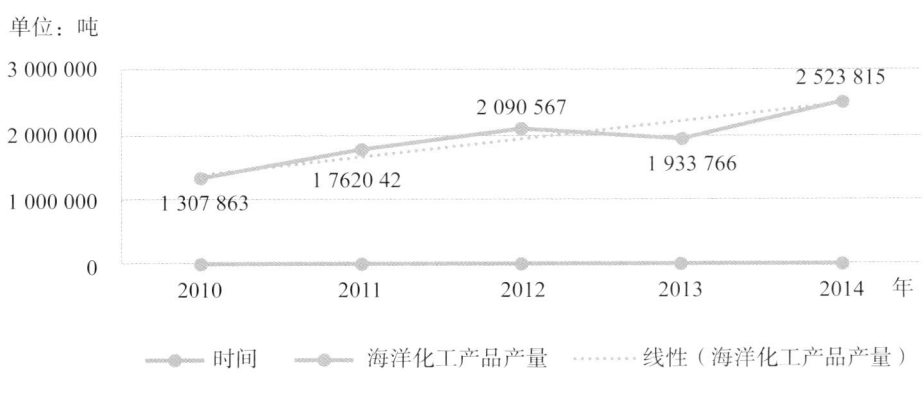

图3-2　2010—2014年江苏海洋化工产品产量统计

资料来源：2011年至2015年《中国海洋统计年鉴》

四、江苏海洋公共服务体系能力评价

（一）江苏省海洋公共服务供给能力体系构建的背景

1. 江苏海洋公共服务供给能力体系构建的使命

江苏是一个人口大省，也是一个资源大省。改革开放以来，依靠劳动密集型产业，江苏民营经济取得了长足发展。然而，也面临着劳动力资本增长和产业资源缺失的瓶颈，迫切需要江苏经济转型升级和有新的经济增长点。大力发展海洋经济无疑成为江苏省委省政府的战略决策，并将其作为经济转型升级的突破口和经济发展的增长点。要发展海洋经济，就必须加强公共服务建设，完善海洋公共产品供给，尤其是要加大海洋公共管理建设，简化海洋项目审批流程，加大海洋法制建设、海域使用管理，保护海洋环境，维护海洋权益，有力推动江苏省海洋事业的全面、协调、快速发展。

江苏是沿海省份，海岸线狭长，沿海居民特别是海岛居民生产生活受海洋气象的影响较大，因此，需要提供完善的海洋公共服务。关于海岛居民切身利益的基础教育、公共卫生、社会保障、文化生活等公共服务与大陆相比相对落后，因此，要加强海洋公共服务建设，重点解决远离大陆的海岛居民人畜饮水、能源、交通、通信等基本生产、生活条件，加快优化产业结构，提高就业水平。同时，沿海居民的出行和海岛居民的出海也需要有完善和准确的海洋预报服务。

2. 江苏海洋公共服务体系构建的挑战

与山东、广东、浙江等海洋强省相比，江苏海洋经济发展水平相对落后，海洋科技水平薄弱，海洋公共服务供给水平低。海洋资源开发深度不够，综合利用水平不高；海洋科研与产业发展未能有效结合，海洋科技成果转化与产业化程度偏低；海洋人才队伍难以满足海洋经济快速发展的需求；海岛基础设施条件，海洋防灾减灾能力、海洋生态环境保护能力等公共服务的供给能力有待进一步加强。这与海洋强省建设的要求极不相符，迫切需要江苏省政府以及沿海各级政府改善海洋公共服务水平，提升供给能力，满足海洋事业发展需求。

(二)海洋公共服务供给能力体系构建的原则

对海洋公共服务发展水平现状的准确评价是进行有效发展的前提,因此,建立较完善的海洋公共服务发展水平评价体系是一个亟待解决的问题。为了使构建海洋公共服务供给能力评价指标体系更加科学、客观、合理,在构建海洋公共服务供给体系时应遵循以下几条原则。

1. 系统性原则

海洋公共服务指标之间必须有内在的逻辑联系,海洋生产服务、海洋公共管理、海洋科技服务、海洋环境保护和海洋经济社会服务是一个系统整体。同时,各个指标内部也有逻辑关系,如海洋生产总值与海洋教育经费投入指标、海洋科研经费比重指标之间要有一定的历史逻辑关系,也就是说,海洋生产总值指标的提高,必然导致海洋教育经费和海洋科研经费的提高。

2. 可操作性原则

对于海洋公共服务供给要求必须遵循可操作性原则,这一原则包括三个方面:一是海洋公共服务供给能力体系数据的可得性,即数据采集能够达到易获易得;二是海洋公共服务供给能力体系数据的可处理性,即根据所得数据能够得出有效结果;三是对海洋公共服务供给能力评价结果的可读性,即要求最终的评价结果以及评价依据简单易懂。

3. 海陆一体化原则

海洋发展依赖于海陆两大部分经济社会的良好运作。海洋、陆地两者联系紧密,海陆一体化发展全面地促进了国民经济的发展。海洋经济、陆地经济与生态环境之间的协调发展是建设海洋强省和增强海洋公共服务水平的系统原则,对自然的和谐、社会的进步有重要的促进作用。

(三)江苏省海洋公共服务供给能力的结构分析

对海洋公共服务供给能力评价是政府海洋管理水平的体现,较低的海洋公共服务供给水平是较弱公共服务供给能力的体现,也是政府管理效率不高的反映。海洋公共服务供给能力主要体现在现实水平和潜在水平两个方面。现实水平主要体现在对海洋公共服务的直接服务上，潜在水平主要体现在为海洋经济社会发展所提供的潜在供给水平上，我们可以具体化为海洋经济社会发展潜能所培育的生产要素上，这些要素包括人力、物力、财力、技术、环境、能耗等。

在海洋强省和"强富美高"新江苏战略推动下，江苏省海洋公共服务供给能力主要体现为海洋生产服务、海洋公共管理、海洋科技服务、海洋环境保护、海洋经济社会服务五项内容（图3-3）。

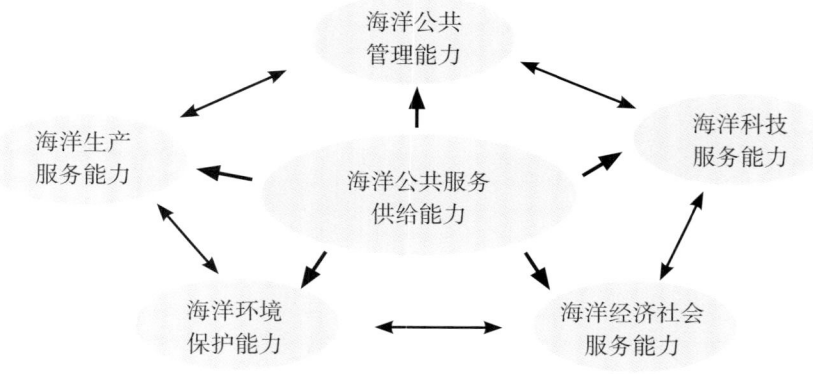

图3-3 海洋公共服务供给能力结构

1. 海洋生产服务能力

海洋生产服务能力是评价政府为海洋经济发展提供服务的质量高低的重要依据。衡量海洋生产服务的主要包括海洋旅客运输量、港口客货吞吐量、海洋捕捞养殖产量、风能发电能力、海盐生产能力、海洋油田生产井出油量、单位地区生产总值能耗等。

2. 海洋公共管理能力

海洋公共管理能力是评价沿海政府实现海洋公共服务的行政管理的重要依据。政府的服务效率和服务能力是其公共服务效率的主要体现。其评价指标主要考察海洋行政管理和效率，具体包括海洋开发战略规划、海洋行政执法正确率、海域使用申请审批项目数、海洋管理机构的人均服务收益、海洋管理机构在职人数、对海洋教育事业的投入等。

3. 海洋科技服务能力

海洋科技服务能力是评价沿海政府实现海洋公共服务的科技服务水平的重要依据。评估科技服务能力，可以用一个地方海洋科技发展的数量和质量指标来衡量，包括从事科技活动人员数、海洋高等院校在校教职工数、海洋科技论文发表量、海洋科技专利申请数、海洋科技专利授权数等以及海洋公益服务，如海洋预报服务、海洋监测服务、海洋调查服务等。

4. 海洋环境保护能力

海洋环境保护能力是沿海政府特别是海洋行政主管部门依据海洋环境法及其配套的法规对海洋环境保护所进行的管理和服务能力，是评价海洋主管部门环境治理和保护的能力。评估海洋环境保护能力，主要测查海洋倾废物能力、海洋工程环境保护能力，包括倾倒区使用面积占海域使用确认面积的百分比、废弃物海洋倾倒费收缴率、海洋工程建设项目环评报告书份数、海洋石油勘探开发排污费收缴率、工业废水排放达标率、当年开工污染治理项目数、当年竣工污染治理项目数、海洋类型环境保护区等。

5. 海洋经济社会服务能力

海洋经济社会服务能力是评价沿海地区海洋经济发展水平、社会发展水平、教育服务海洋事业的水平、海岛居民的社会保障水平，等等。评价海洋经济社会服务能力，主要测查的指标包括海洋生产总值、中等职业教育海洋专业在校学生数、普通高等教育海洋专业本专科在校学生数、海洋专业硕博研究生在校生数量、医疗机构床位数、卫生机构人员数、能源能耗指标、全年供水总量、沿海地区人均用水量等。

五、江苏海洋公共服务供给体系发展对策

（一）强化政府海洋公共服务供给责任

1. 转变职能观念，增强服务意识

观念创新是决策机制创新的前提，必须把强化服务意识、提供有效服务、满足公共需求作为各级政府的一项核心内容。过去的政府是全能型政府，包办一切，以计划指令提供公众所需的公共服务。而随着服务型政府的建立，江苏省政府在海洋公共服务供给的过程中，要转变职能观念，增强服务意识，树立"民本位、社会本位、权利本位"的思想，提高服务质量。尤其是在海洋强国建设与"一带一路"建设大环境下，江苏省政府要抓住机遇，从观念上重视海洋经济发展的潜力，充分利用沿海的优势，在发展海洋经济的同时，提升海洋公共服务的质量。

按照服务型政府的理念，政府的首要责任是做好公共服务。因此，在海洋公共服务的供给过程中，政府由全能型政府转向服务型政府，将工作重心转移到服务上来，将部分海洋公共服务职能转移给海洋行业协会，如江苏海洋学会、江苏渔业学会等，也可以将人才培养、海洋科技服务等海洋公共服务内容转移给涉海高校和科研院所。将市场可以解决的，交给市场。

2. 积极倾听民意，及时作出调整

约翰·托马斯在其著作《公共决策中的公民参与》一书中指出，"将有序的公民参与纳入到公共管理过程中来，在公共决策制定与执行中融入积极、有效的公民参与"能够提升公共决策的质量。作为公共服务的接受者，公民有权力选择和参与决策，表达自己对改革需求的偏好。因此，在海洋公共服务的提供过程中，应建立一套畅通的渔农民表达自身公共需求偏好的需求表达机制，增加渔农民在公共服务供给中的发言权，在一些与渔农民自身利益密切相关的问题或重大公共服务项目上，特别是在海洋生产服务项目上要允许渔农民表达自身的偏好，提高海洋公共服务需求的针对性、实惠性，提高公共服务供给的效率。充分发挥渔农合作社的作

用，按照民主集中制原则，切实表达渔农民的利益。

任何公共服务的内容都不可能是一成不变的，都需要不断地丰富优化。良好的海洋公共服务要以充分满足公众的需求为前提，而公众的需求会随着社会经济环境及生活条件的变化而变化。因此这就要求江苏省政府在海洋公共服务的供给过程中，建构完善的民意表达机制，增强政府与民众之间的沟通，积极倾听民意，及时根据公众的需求变化作出调整，提供符合民众需求让民众满意的海洋公共服务。为此，江苏省政府需要做到两点：第一，搭建政府与民众沟通平台。江苏省政府可以利用省海洋与渔业局的网站，开辟政府与民众的互动版块，倾听民众意见。同时，充分利用新媒体，开设海洋与渔业局的微博和微信公众号，加强与民众的沟通互动。第二，积极倾听民声及时回应民意。民众通过互动平台反映的内容一定要重视，并在最短的时间内给予准确的回复。此外，还要定期对民众的海洋需求进行调查，及时了解民众需求的变化，对海洋公共服务的供给进行调整，提高海洋公共服务供给质量。

（二）充分发挥政府财政的资源配置功能

1. 加大财政投入，提升服务质量

在海洋公共服务的提供上，政府理应承担更多的责任，并将财政资金的分配更多地向其倾斜，加大对海洋公共服务的供给力度，建立长效财政投入机制。一是要建立财政支持海洋的资金稳定增长机制。按照专项管理的原则，由自然资源部和江苏省政府对海洋公共服务进行专项支持，并建立稳定的增长机制。二是明确扶持重点，进一步优化财政支出结构。要进一步加大财政对海洋基础设施建设、海岛环境治理、海洋生态环境保护、海洋科技和海洋公共安全服务等方面的投入。三是进一步加大资金整合力度。要加强部门之间的协调配合，进一步整合各类海洋专项资金，明确经费预算，提升专项资金的整体效益。

资源配置功能是政府财政的基础功能，而良好的海洋公共服务是财政资源配置功能的重要内容。而且海洋公共服务的特殊性决定了政府需要投入大量的物力

财力，这些都离不开政府财政的支持。特别是海洋公共服务的基础设施建设，投入大、回报低，甚至没有回报，这就更加依赖于政府财政的支持。例如海洋调查系统、海洋预报系统、海洋通信导航系统、海洋安全救助系统、海洋实验设施、人工鱼礁等，这些基础设施是政府海洋公共服务供给中最基本的内容，是民众对政府海洋公共服务供给满意程度的"保健因素"，需要政府投入大量的人力物力财力。一旦相关基础设施没有完善，将大大影响政府海洋公共服务供给的质量和民众满意程度。而且面对江苏民众对提升海洋公共服务供给水平日益增长的需求，江苏省政府对海洋公共服务供给的财政投入力度明显不够。因此，江苏省政府需要根据公众的需求，加大财政对海洋公共服务的投入力度，丰富海洋公共服务的内容，提升服务质量。

2. 设立海洋基金，促进技术创新

政府提供海洋公共服务离不开技术的支持，而技术创新需要大量资金的支持。科研基金正是为了资助相关科学技术研究而设立的，且具有一定数量的资金。它在推动科学进步、技术革新方面发挥着重要作用。早在1994年，联合国开发计划署（UNDP）和全球环境基金（CEF）就曾经资助我国从事东亚流域的海洋污染预防和治理研究，并且将厦门作为示范区。目前江苏省可以用于推动海洋技术革新的科研基金主要有国家自然科学基金、国家社会科学基金、国家海洋局青年海洋科学基金、江苏省自然科学基金、江苏省社会科学基金等。这些基金在推动江苏海洋技术创新上发挥了一定的作用，但专门用于江苏省海洋方面研究的科研基金数量明显不足。而推动江苏省海洋技术创新，建构完善的海洋公共服务供给体系，建设海洋强省离不开海洋基金的支持。此外要想提升资源的利用效率，用更少的资源提供更优质的海洋公共服务，更加需要技术创新加以实现。因此，江苏省政府财政应当设立专门的海洋科研基金，资助海洋相关科研活动，促进海洋技术的创新，推动海洋公共服务供给质量的提升。

3. 重视教育投资，发展海洋文化

海洋强省战略的实现和海洋公共服务供给体系的构建离不开先进的海洋科学

技术和优秀的海洋技术人才。要想实现海洋技术的突破发展，培养高素质的海洋技术人才就离不开教育的支持。目前我国主要的沿海地区都已拥有了专业的海洋大学，如中国海洋大学（位于山东省）、上海海洋大学、浙江海洋大学、广东海洋大学等，而江苏省的海洋大学（江苏海洋大学，在淮海工学院的基础上筹建）目前还处于筹建过程中。因此，江苏省要重视对海洋教育的投资，加快江苏海洋大学的筹建工作，推动海洋教育的发展。此外，还要推动海洋知识"进教材、进课堂、进校园"，加强学生的海洋知识教育，营造良好的校园海洋文化氛围。同时，组织开展形式多样的海洋宣传教育活动，推进海洋博物馆、海洋文化馆、海洋科技馆、海洋展览馆等的建设，加强民众的海洋教育，增强民众的海洋意识，营造良好的社会海洋文化氛围。

（三）创新政府海洋公共服务供给方式

1. 改革供给模式，提高供给效率

由于纯海洋公共产品和准海洋公共产品具有较大的外部性，私人部分提供往往缺乏效率，易于产生问题，因此必须由政府扶持。然而，政府扶持并不意味着完全由政府公共提供，一般来说，纯海洋公共产品可以由政府公共提供，如海洋基础科学研究、海洋基础设施建设、海洋预测预报、海洋调查研究等，必须由政府提供，但政府可以提供合同的形式引进私人投资或直接交给私人生产或研究，然后再由政府购买。准海洋公共产品则可以通过政府补贴的方式，由政府和私人混合提供。如海洋科技教育、海洋科技推广（主要是渔业技术推广）等应采取财政补助、税收优惠等政策下，由私人部门生产。

政府是海洋公共服务供给最主要的主体，但不是唯一主体。海洋公共服务供给中有纯海洋公共产品和准海洋公共产品。对于纯海洋公共产品，例如海洋监测预报、海洋通信导航、海洋安全救助等，必须由政府来提供。对于准海洋公共产品，例如海洋教育、海洋基础设施建设、海洋运输等，可以引入市场，由政府和市场混合提供。海洋公共服务供给的传统模式是政府自上而下包办式的模式，社会组织以及企业参与度很小，缺乏竞争性与活力，造成供给效率低下。因此，在海洋公共服

务的供给过程中，江苏省政府需要引入恰当的市场机制，让社会组织和企业参与其中，增强竞争性和活力，提高供给效率。

2. 结合信息技术，利用海洋大数据

2017年12月，习近平总书记在主持中共中央政治局第二次集体学习时强调，大数据是信息化发展的新阶段，要推动实施国家大数据战略，加快建设数字中国。随着互联网、物联网等信息技术的发展，全球已经进入了大数据时代。大数据在提供公共服务，推动社会发展方面发挥着独特作用。在海洋公共服务供给领域，海洋大数据同样发挥着重要作用。江苏省政府必须搭上大数据时代的便车，搭建海洋信息综合平台，利用卫星遥感、近海测绘、水下探测、海洋渔业作业等手段，汇集海洋大数据，为海洋防灾减灾、海洋环境保护、海洋渔场渔情预报、海洋航行保障、海洋气候变化研究、海洋目标检测等提供技术支持，促进海洋公共服务的供给。

（四）构建政府、市场与社会三者良性互动的海洋公共服务供给机制

在"海洋公地悲剧"的历史教训中，我们发现新公共选择理论在海洋领域面临失效，单纯依靠或政府或市场或社会的任意一种力量是行不通的，必须积极推进海洋公共服务供给体制的创新，构筑以和谐海洋理念为指引，以政府为责任主体，以市场为重要手段，以社会力量为有效补充，使政府、市场与社会三者发挥各自的优势与作用，实现政府、市场与社会三者的良性互动。具体而言：一是打破海洋行政性体制安排和行业垄断，引入市场竞争机制，通过政府购买服务、招投标等市场机制运作的方式，吸引多种性质组织（社会企业、私人企业）共同参与海洋公共服务，实现政府与市场的互动；二是积极努力发挥行业组织和民间组织了解沿海居民的意愿、关心海洋生态环境、提供海洋专业技术等资源和服务的功能优势，形成政府与社会组织相互合作的供给机制；三是加强市场机制与社会组织之间的互动合作，利用社会组织有效弥补企业在海洋开发利用过程中的局限和不足，如通过海洋环境保护协会监督涉海企业（如海上石油公司）的排污状况、漏油状况，实现社会组织对涉海企业的外部制约。

江苏"智慧海洋"工程体系构架及其建设研究

一、引言

21世纪是"海洋世纪",海洋占地球表面积的71%,是全球重要的资源宝库和交通要道,也是自然界起源和生物安全的屏障。海洋经济和海洋产业的发展不仅是全球经济发展的主要增长点,也是我国国民经济和社会发展的重要支柱。早在2013年,习近平总书记就强调,建设海洋强国是中国特色社会主义事业的重要组成部分,要求全社会进一步关心海洋、认识海洋、经略海洋,推动我国海洋强国建设不断取得新成就。海洋是广阔的、不透明的、多功能的,要认识海洋、了解海洋不易,用传统管理手段去管理好海洋,经略好海洋,难度很大。随着信息技术不断创新发展,高速化、移动化、泛在化的网络技术,成为推动海洋管理智能化的新的需求动力和技术动力。智慧海洋工程是"工业化+信息化"在海洋领域的深度融合,是全面提升经略海洋能力的整体解决方案,也是建设海洋强国的基础工程。国家"十三五"规划已明确提出从国家层面要推进智慧海洋工程建设,将计划实施100个重大工程及项目,提升沿海港口智能化水平。2017年印发实施的《全国海洋经济发展"十三五"规划》中提出要通过"智慧海洋"工程培育海洋经济增长新动力,引导海洋新技术转化应用和海洋新产业、新业态形成。江苏省《"十三五"海洋经济发展规划》也提出要实施"智慧海洋"工程,提高对海洋的管理水平和能力,实现从海洋大省向海洋强省的转变。

二、江苏"智慧海洋"工程建设内容及重点

(一)江苏"智慧海洋"工程建设内容

根据国家"智慧海洋"基础框架建设方案并结合海洋信息化现有的基础,基于江苏省海洋管理需求,江苏省"智慧海洋"工程建设的主要内容包括:信息标准规范、信息安全工程、基础设施工程、智慧管理工程、智慧监控工程、智慧决策工程、智慧服务工程7个方面,如表3-3所示。

表3-3 江苏"智慧海洋"工程建设内容

所属体系或平台	"智慧海洋"工程名称	建设内容
信息标准体系	信息标准规范	信息系统数据库建设与运行管理规范、信息化项目管理规范、信息化网络建设与维护规范、信息化数据管理规范
信息安全体系	信息安全工程	安全体系建设、安全评估
基础设施平台	基础设施工程	网络系统构建,数据中心建设
综合管理平台	智慧管理工程	三维GIS仿真应用系统、内网门户网站升级改造、协同移动办公系统、视频会商系统
综合管理平台	智慧监控工程	江苏省重点海域渔港视频监控系统、海域使用动态监视监测管理系统、海域智能监管信息系统、初级水产品质量安全追溯系统、海洋资源环境保护与实时监测系统、远程网络控制短波岸台集群系统、渔船智慧终端监管系统
综合管理平台	智慧决策工程	海洋与渔业执法监察系统、防灾减灾预警决策系统、海洋执法监察辅助决策系统、海洋渔业安全应急指挥系统
综合服务平台	智慧服务工程	海洋渔业门户网、信息发布服务系统

1. 信息标准规范

所谓标准是指人们为某种目的和需要而提出的统一性要求，是对一定范围内的重复性事务和概念所做的统一规定。统一标准是互联互通、信息共享、业务协同的基础；统一标准是信息系统互通、互连、互操作的前提。没有统一的标准要求，就会在新旧系统的兼容、前后开发商的选择、新旧产品的使用等工作上没有约束力，随意性大。要在国家标准规范框架下，结合江苏实际情况，以需求为导向，以应用为核心，开展所需要的标准建设和标准修订。这些标准规范有：信息系统数据库建设与运行管理标准规范、信息化项目管理标准规范、信息化网络建设与维护标准规范、信息化数据管理标准规范四类。

2. 信息安全工程

安全体系建设的主要工作如下。

（1）建立安全控制策略，定期进行安全风险评估。

在适应性原则、动态性原则、简单性原则、系统性原则和最小授权原则等基础上，建立信息安全总体策略及相关的安全控制策略，定期对信息系统进行安全检查和风险评估，积极提高信息安全的事前控制能力，提高信息系统的安全运行水平。

（2）信息安全等级保护机制建立。

等级保护的建设目标是对江苏省智慧海洋信息系统按其重要程度及实际安全需求，合理投入，分级进行保护。分类指导，分阶段实施，保障信息系统安全正常运行和信息安全。

（3）建立或完善安全的管理制度，保证安全策略的实施。

建立健全各项信息安全管理和防范制度，完善业务的操作规程，根据职责分离和多人负责的原则，各负其责，同时加强要害岗位管理，建立和完善要害岗位人员管理制度，保证安全策略的实施。

（4）建立较为完善的应急保障体系以应对各类突发的信息安全事件。

在信息网络和关键应用系统方面建立较为完善的应急处置机制和应急预案，开展应急预案的演练，提高网络和重要应用系统的应急保障能力，确保关键业务的快速恢复。

（5）建立完善的防护控制措施，抵御较为复杂的威胁和攻击。

建立身份认证平台，建设基于PKI/PMI技术的身份认证系统。基于PKI/PMI技术的身份认证建设包括身份认证中心（CA）、发证中心（RA）、访问控制、旧的应用系统改造及安全审计等内容。

在身份识别的基础上，建立入网访问控制、网络使用权限控制、目录级安全控制以及网络服务器安全控制等访问控制安全机制，确保各类信息资源不被非法使用和访问。

（6）建立完善的备份措施，应对重大安全事件的业务连续性管理。

完善现有备份系统，除业务数据外，对主机、核心网络和安全设备配置、PC服务器和重要工作站的运行环境（操作系统和应用系统）等实施备份，对关键业务系统建议采用D2D2T（disk-to-disk-to-tape）方式，加快备份和恢复速度，提高关键业务系统的可用性。

（7）建立安全管理中心。

建立安全管理中心的目的在于对整个信息安全实行一站式管理，配置协调一致的安全策略；保证所有可能的攻击能够被检测、监控和及时地以适当方式予以响应；提供实时监控并识别攻击者的路径；提供及时的安全报警；提供准确的信息安全审计和趋势分析数据，支持安全步骤的计划和评估等。提升信息系统的预警能力、反应能力和反击能力。其架构如图3-4所示。

（8）落实内部安全管理工作职责，定期开展系统性的安全培训。

加强内控制度，使工作人员明确各自的岗位分工和职责，强制性地保证各种安全工作得到落实，并做好对安全运行的领导、监察和监督工作，将计算机安全防范措施纳入工作日程。

建立专门的安全管理人员岗位，负责信息安全管理工作。定期开展系统性、多层面的人员安全培训，使工作人员具备对信息系统安全管理体系和安全管理执行过程中存在缺陷的发现、纠正和改进的能力。

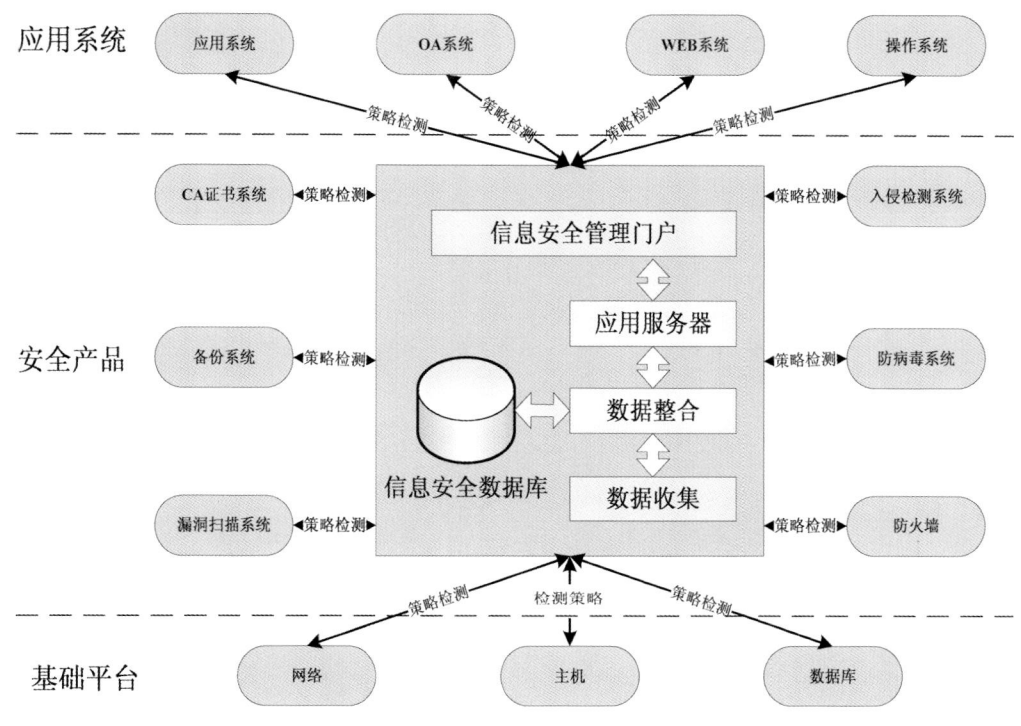

图3-4 信息安全管理中心平台架构

3. 基础设施提升工程

基础设施提升工程建设是"智慧海洋"启动的基础,也是"智慧海洋"工程能否顺利进行的前提所在。基础设施工程建设包括以下几个方面:进一步完善、健全江苏省海洋与渔业管理基础支撑环境,加快网络系统横向纵向互联互通,强化安全保障措施。

(1)网络系统改造。

为保障综合管理平台和综合服务平台的稳定运行,提升全省范围内数据实时交互能力和数据传输效率,节约网络运维费用,增强系统运行保障能力,需建设连通省局、县局的基础网络。在充分考虑"十三五"期间智慧海洋建设的扩容需求,各种应用系统不断投入运行，网络承载的信息流量不断增加的基础上，采用先进成熟的网络技术，满足信息系统各种实时业务数据、非实时业务数据的传输需要。通过集中式负载均衡系统，协同全省整体网络架构，实现设备同网络的无缝连接，提高系统运行的稳定性、便利性和安全性。

（2）数据中心建设。

充分考虑江苏省海洋与渔业管理实际需求，采用先进的信息技术，建成集信息资源采集、传输、存储、共享、交换、发布、应用、服务等功能于一体的数据中心，形成持续稳定的数据汇集、管理、维护的运行机制，具备为江苏省海洋与渔业综合业务管理与公众服务提供综合信息共享和应用支撑服务的能力。通过对已有数据的整理和标准化过程，保证数据的准确性、唯一性和延续性；数据中心建设既要满足各部门间协同管理需要，又要兼顾系统的扩展性与维护性，从而真正增强数据共享、服务能力，为业务管理、领导决策及公众服务提供全面多层次的数据服务。

4. 智慧管理工程

智慧管理工程是以协同移动办公系统、三维GIS仿真应用系统为重点，采用人工智能、知识管理、移动互联网等手段，增强系统的搜索功能，能够快速、便捷地获取所需信息，实现智能搜索和电子公文智能流转。将管理思想、管理智慧与信息技术高度融合，实时掌控、管理海洋与渔业状况，处理相关事务，进行科学决策。

5. 智慧服务工程

在智慧服务方面，建立上连省局，下连县局，实现智慧海洋全业务、全流程网上运行，实现信息公开、信息服务、信息共享、办事服务等功能于一体的智能政府网站群和信息发布服务系统，面向所有社会公众以及相关用户提供场景式、"一站式"公众信息服务，引导民众办理有关事项，全面提升服务水平与效率。

（1）外网门户网站规划与改版。

对现有门户网站相关信息进行整合，根据薄弱环节适时做好改版升级，建设贴近大众需求、具有亲和力、服务功能增加、栏目布局优化、界面友好的门户网站，进而强化对"一站式"服务的支撑。

（2）信息发布服务系统。

建设信息发布服务系统，面向所有社会公众以及相关用户通过WEB、WAP、短彩信、GPRS/EDGE、LED等手段，提供海洋与渔业管理政务公开信息、海洋与渔业资源环境信息服务。信息发布服务系统与海洋与渔业局门户网站形成互补，以海洋与渔业基础数据、预报数据、管理数据等相关数据为基础，实时、有效地将各种海洋环境监测和预报等信息传达给海洋与渔业活动的相关人员，更好地体现为民服务的宗旨。

6. 智慧监控工程

智慧监控工程是在江苏省重点海域渔港视频监控系统的基础上，结合全省海洋与渔业三维GIS仿真应用系统，利用物联网、视频监控等信息技术，通过北斗卫星、GPRS/EDGE或CDMA网络等现代移动通信技术，建设海域智能监管信息系统、重点海域渔港视频监控系统、海域使用动态监视监测管理系统、初级水产品质量安全追溯系统、海洋资源环境保护与实时监测系统；建立集信息汇集与监测、分析，地质灾害预警、辅助决策、在线指挥功能于一体的海洋与渔业综合监管平台，实现对海洋与渔业环境的智能在线监测监控，污染排放的智能在线监测，渔港、无人岛屿、重点海域的智能监控，对监测监控数据进行综合管理和业务化应用。实现远程移动执法、船检，为执法人员海上执勤和船检人员对渔船检验，提供移动查询和现场办理手段，及时准确处理各种突发事件。

7. 智慧决策工程

在智慧决策方面，利用数据仓库、数据挖掘、知识库系统等技术手段，建设海洋与渔业执法监察系统、防灾减灾预警决策系统、海洋执法监察辅助决策系统、海洋与渔业安全应急指挥系统，建成集渔船安全救助、在线监测、自动监控、执法监察和应急指挥决策于一体的可视化预警预报及应急指挥中心，实现对海上渔船和突发灾害的日常监控、预警预报、远程会商、决策支持、应急指挥等功能，从容应对突发性灾害事件，有效降低灾害的影响程度，保障人民生命与财产安全。与气象、海事、环保、水利局共同建设信息共享系统，及时获取各种监测信息、准备提供各种日常预报及灾害预警预报信息，对海上突发事件提供动态预报保障，逐步实现智能预警预报，建立起安全畅通的全省海洋与渔业灾害应急体系，为各级政府和行政主管部门提供防灾减灾决策依据和支撑。

（二）江苏"智慧海洋"工程建设重点

江苏"智慧海洋"工程重点围绕以下三个方面建设。

1. 海洋信息基础平台建设

海洋信息基础平台建设包括硬件平台和海洋电子政务软件平台两部分内容。硬件平台建设包括海洋信息采集平台建设、海洋信息网络平台建设、海洋数据中心建设以及业务化运行节点设备配置等内容，保证海洋信息持续更新和海洋综合管理信息系统业务化运行。海洋电子政务软件平台建设主要是海洋数据管理系统、数据交换系统及各个应用系统的公共应用组件等。

2. 管理信息系统建设

管理信息系统建设包括海洋管理电子政务系统建设和海洋管理辅助决策系统建设。前者包括海域管理信息系统、海洋环境保护信息系统、海洋执法监察信息系统三大电子政务系统；后者包括建设海洋防灾减灾辅助决策系统、涉海工程对海洋动力环境影响评估及辅助决策系统等。

3. 基础数据库建设

建立基础性、战略性海洋信息基础数据库，建立省级海洋数据中心。重点建设海洋基础地理信息库、海洋环境数据库和海洋管理信息数据库等方面的基础数据库。

三、江苏"智慧海洋"工程建设发展现状

江苏是海洋大省，海岸线全长954千米，管辖海域面积3.75万平方千米，占全国

沿海总面积的20%，海洋资源的综合指数位居全国第4位。"十二五"期间，江苏在"数字海洋"平台建设上取得了显著的成就，为"智慧海洋"工程的建设打下了坚实的基础，总结起来有以下几个方面。

（一）海域和海岛动态监视监测能力位居全国前列

经过多年的持续投入建设，一个包含国家、省、市、县四级海洋管理部门协调联动、立体化实时监控的管理体系已在江苏建成，截至2017年1月，已建成省海域动态监管指挥平台共16个，拥有1辆省级指挥车和15辆县级指挥车。车内配备了车载视频采集系统、移动数据传输系统、车载视频会议系统，具备海域现场视频数据采集与传输、与省级指挥车和各级指挥中心进行视频会议等功能，能广泛应用于海域常规监测、应急监测、海洋防灾减灾等领域。

（二）"江苏数字海洋"信息基础框架已构建

江苏海事局综合管理信息平台围绕"需求为导向、应用促开发"原则，有效整合现有资源，建立船舶动态2.0系统、GIS、法制管理系统等信息化系统，外接省电子口岸、气象、海关等横向业务系统，上承部海事局一级数据中心，下联分支局、海事处、办事处三级海事机构，建有统一门户、综合政务、财务管理、人力资源、静态业务、动态执法、固定资产、项目管理、数据中心9个功能模块。

（三）电子政务建设工作成效显著

电子政务建设是智慧海洋的重要组成部分。江苏省海洋与渔业局，江苏省海事局为省内两个主要的涉海主管部门，两个部门的内网已实现联网，部门内部各单位之间可以通过OA系统传输公文和其他信息资料，还可以通过视频会议系统连接省和各县市进行实时网上视频会议、网上办公，使办公效率和内部管理效率极大提高。对外，两个部门通过各自的门户网站（江苏海洋与渔业网站http://jsof.jiangsu.gov.cn/；中华人民共和国江苏省海事局江苏水上搜救中心http://xxgk.js-msa.gov.cn/）提供信息发布，增强了政府工作的透明度，提高了政府工作效率，成为智慧海洋的应用平台。江苏海洋与渔业网站提供了如海洋预报、台风预报、渔场预报、潮汐预报、观测预报、渔情信息、渔业技术、质量追溯、鱼病诊断、数字船检10项服务。

（四）海事智能化服务水平不断提高

近几年来，以互联网为平台的跨界融合，互联互通，推动了海洋经济转型与升级，促进海洋经济创新发展，利用物联网、云计算、大数据、移动互联、遥感检测等信息技术，实施"互联网+海洋"工程，打造了一批江苏省海洋云计算与服务平台。江苏海事局的"海事通"移动终端综合利用了4G、VPDN、WEB服务、断点续传、多媒体等技术，接入海事动态监管信息管理平台、全国船舶动态管理系统、全国法制管理系统和GIS平台系统，实现语音、数据、多媒体的信息互通和共享。海事局的"云桌面"在"海事通"的基础上，实现了将内网各类业务搬到了移动终端，并且支持更多的移动终端类型，"海事通"与"云桌面"实现了海事信息化系统的全程使用、无缝衔接。通过已建设的AIS等各类信息化监管手段，实现对船舶位置的全程连续监控。通过已建成的完善的全国统一船舶动态2.0数据库，实现业务系统应用和数据的统一。

四、江苏"智慧海洋"工程建设发展问题

在取得上述成绩的同时，还应看到，"十二五"规划以来江苏海洋信息化存在以下的问题。

（一）缺乏全局战略性顶层设计

《江苏省"十三五"海洋经济发展规划》已明确提出建设"智慧海洋"，推进海洋产业与信息化融合发展，以大数据为支撑、应用为驱动、服务为导向，搭建"智慧海洋"架构。应该说顶层设计已有思路，但在具体的实施操作中存在以下问题：规划设计上不完善，统筹规划程度不高，各涉海部门的业务协同有待深化，主动协调不够；海洋基础数据的标准统一工作有待提高，规范性、完整性较差；各类

海洋管理系统架构、数据标准和规范的业务流程有待统一，给信息数据的综合利用带来障碍。所有这些问题需要省级涉海主管部门统筹规划，结合实际统一规划"智慧海洋"建设，聚焦"智慧海洋"顶层设计的总体框架和发展规划是否形成，需求是否合理，进一步做好"智慧海洋"的统筹规划和顶层设计，为建设海洋强省的目标打下坚实的基础。

（二）自主获取海洋数据能力不足

江苏是海洋大省，海岸线约954千米，内水加领海面积达3.75万平方千米，沿海滩涂和浅海面积居全国之首，从1949年到2009年，江苏对沿海地区的开发重视不够，投入不足。在2009年以前，江苏沿海海洋基础数据，大多来自国家海洋局和国外的一些研究机构。自2009年江苏沿海开发上升为国家战略以来，江苏加大投入力度，扎实推进沿海开发开放，沿海基础设施不断完善。2009年开展了江苏近海海洋综合调查与评价工作，基本掌握沿海地区经济社会发展和海洋开发利用状况以及可开发利用的港口、滩涂等资源情况，为海洋开发与保护提供基础数据和科学依据。

（三）"信息孤岛"现象普遍存在

目前，江苏省海洋与渔业信息化标准规范体系仍处于规划阶段，没有形成统一的信息表达和交换标准规范，省内各海洋部门（单位）采集的海洋与渔业数据，都是根据自身的业务需要采用自身的数据格式，部门间信息共享和业务协同程度低，业务系统不能互联互通，大量海洋调查、预报和海洋管理等各类信息资源以各种形式分散存在、各自管理，"信息孤岛"现象依然存在。诸多重要数据、珍贵资料尚未实现数字化，数据的科学性尚待调查研究，数据资源不能有效共享和利用。对数据资源的利用仍停留在以业务执行和信息查询为主，对业务数据深层次挖掘和分析能力还不够，数据整合的智能化水平不高，对支撑海洋管理的决策作用十分有限，严重制约了智慧海洋信息化的发展和整体效益的发挥。

（四）核心装备研究开发能力欠缺

"智慧海洋"建设需要大量高科技的硬件装备来支撑。江苏省是制造大省，在海洋工程装备、海洋水声仪器，传感网设备，水下滑翔器、水下对讲机、侧扫声呐等高端海洋观测探测装备等研发及生产上已有一定的水平。但在核心装备，如全海深潜水器研制及深海前沿关键技术、深海通用配套技术、深远海核动力平台关键技术等研究，与发达国家还不能相比，与建设"智慧海洋"的要求还有较大的差距。

五、江苏"智慧海洋"工程建设发展对策

当前江苏"智慧海洋"建设还处在业务应用数字化这一电子政务阶段，促进产业发展融合、具有自我优化能力的"智慧海洋"建设机制尚不完善，沿海沿江各市海洋信息化管理还存在着发展不均衡，"信息孤岛""数据烟囱"现象仍不同程度地存在，海洋管理公共服务能力也还存在着"最后一公里"的问题。为此提出以下建议。

（一）系统谋划，注重顶层设计

所谓顶层设计就是把整个政府看作一个整体，在各个局部系统设计和实施之前就进行总体架构分析和设计，从而让各个分系统有着统一的标准和架构参照。在一个条块分割的行政体系下，"智慧海洋"的推进如果没有一个整体性的顶层设计进行指导，在实施过程中必然会遭遇各自为政、数据烟囱等信息化建设的老问题，增加"智慧海洋"建设的风险。"智慧海洋"的建设涉及多部门，是一项复杂的系统工程，要从组织架构设计、系统框架搭建、网络互联互通、信息资源整合、完善标准规范等方面加强顶层设计和统筹协调，建立"智慧海洋"的总体框架，结合实际制定《江苏智慧海洋建设指导意见》《江苏智慧海洋信息化规划》等规划性指导意见，指导江苏"智慧海洋"的发展方向，规范"智慧海洋"建设的管理，确保"智慧海洋"建设管理的思路统一性、目标合理性、工作规范性。

（二）整体规划，分阶段实施

智慧海洋建设必然是一个渐进的、不断改进的、长期建设的过程，需要按照整

体规划分阶段实施来完成。本着先易后难的原则，优先建设"智慧海洋"信息平台基本的功能，然后是附加的、增值的功能。

前期，制定数据建库、信息系统建设的标准与规范；同时，侧重于对智慧终端工程、智慧监控工程中迫切程度较高的项目进行建设。中期，在基础建设和标准建设的基础上，侧重基础设施提升工程和智慧管理工程建设，提高办公、通信与沟通和管理效率；同时，继续深化智慧监控工程和智慧终端工程的建设。最后一个阶段主要是通过对内网门户网站升级改造，实现业务应用系统与内网整合，单点登录；通过智慧服务工程建设、实现对外信息服务的整合。从业务上来说，各阶段建设的功能要具有一定的连贯性，如在海域智能监管信息系统、海域使用动态监视监测管理系统建立时，系统取得的空间地理等信息需要有三维GIS仿真应用系统、视频监控系统的业务数据支撑，确保信息的连续性和唯一性。

（三）抓住"一带一路"建设机遇，大力建设海洋信息基础设施

"一带一路"倡议是推进经济全球化发展的重要举措。江苏地处丝绸之路经济带和海上丝绸之路的交汇点，国家实施"一带一路"建设是建设新江苏的重大机遇。"一带一路"建设在实施过程中，基础设施建设被提升到了至关重要的位置。"一带一路"中的"丝绸之路经济带"以陆地上的各种电力、公路、铁路基础设施建设为主，而"21世纪海上丝绸之路"基础设施的核心是海洋信息基础设施。其中，各种海洋导航、通信、气象、应急响应、航运管理、空海陆联运、海洋物联网、跨国海洋电子交易等信息系统将成为"21世纪海上丝绸之路"的中枢神经和大脑。江苏必须抓住这一重大机遇，用好国家对海洋信息基础设施建设的各项扶持政策，在这一轮的开放发展中，为江苏"智慧海洋"的建设打下坚实的基础。

《江苏省"十三五"海洋经济发展规划》已明确提出，要重点加强江苏沿海三市沿岸海洋环境观（监）测体系建设，构建海洋环境实时在线监测体系。建设涉海行业共享网、公众服务网和岸海接入网，增强涉海部门间业务协同通信能力。建立分布式海洋大数据中心，构建集云计算、云数据和云服务于一体的海洋云，面向海洋经济、资源开发、海洋环境保护等开展数据挖掘分析，逐步形成智能感知、智能

调度、智能决策、智能服务的"智慧海洋"发展体系。重点依托苏州、扬州、盐城大数据产业基地建设，吸引一批从事海洋大数据业务的研发机构、企业，构建服务江苏沿海、面向国际的海洋数据交流平台和海洋科学数据中心。依托海洋大数据产业基地建设，打造海洋空间地理信息系统和海洋数据公共服务平台。推动北斗导航信息系统在海洋开发领域中的应用。

（四）以"智慧海洋"建设为契机，推进江苏海洋装备产业的发展

"智慧海洋"建设需要海洋装备产业的发展为支撑，利用"智慧海洋"建设的契机，推动江苏从"制造大省"向"智造大省"转型，要围绕国家海洋开发、海洋防灾减灾及海洋安全需求，重点突破制约我国海洋装备发展的核心关键技术，发展具有自主知识产权的海洋装备，提高海洋装备国产化率。今后要重点抓好以下几种装备的生产，提升江苏制造业的水平。

1. 海洋观测、监测、探测装备

围绕制约海洋观测监测探测技术发展和成果转化的关键技术环节，开展特种材料、感应元件、精密制造工艺等方面的技术攻关，形成涵盖新型、智能、高灵敏度、高稳定性的海洋动力环境传感器、海洋水质和生态环境监测传感器的系列化产品。发展以深海海洋锚系浮标、漂流浮标、剖面测量浮标和潜标为主导的国际竞争力产品。发展具有自主知识产权的AUV、ROV、HOV、水下滑翔机等移动观测装备并实现产业化，具备替代进口能力。发展海底观测网接驳、组网、路由等技术与装备，满足我国海底观测系统建设的需求。

2. 海洋装备关键配套设备和系统

发展绿色动力产业，重点突破高效燃烧、噪声控制、混合动力等关键制造和工艺技术；形成配套装备新兴产业，突破平台升降系统、深海锚泊系统、动力定位系统、海洋平台电站、自动化控制系统、水下生产装备和系统、水下设备安装和维护系统以及其他重大配套设备，为做强海洋装备心脏提供保障；发展适用于海洋运载和深水资源开发的高端新型配套装备，突破水下无人自治和载人运载平台关键技术

与部件、船载甲板智能装备以及水下作业保障关键技术，形成重点装备的产业化。

3. 海洋装备新材料

针对海工装备运动部件的重腐蚀环境，研究开发延寿数倍、数十倍于传统材料的表面防护涂层与整体材料及其产业化制造技术，为国产海工装备赶超世界先进水平解决关键材料的瓶颈问题；针对海洋漏油应急处理、海工废水油水分离等需求，开发高倍率、高效率的油水分离材料，设计制造出单次循环使用1000次以上的分离装备；解决传统防腐涂料施工表面处理要求高、涂装效率低、寿命短等共性问题，开发长效防腐涂料并形成产能。突破耐超高压强腐蚀等极端环境的海洋仪器和装备特种专用金属、非金属、复合新材料及其生产工艺，并实现产业化。

（五）深入推进"互联网+"海洋工程，完善"智慧海洋"管理体系

"互联网+"海洋工程是"智慧海洋"建设的一部分，现阶段江苏要完善以下三个体系。

1. 完善海域动态监测管理体系

建立"智慧海洋"框架体系。推动海洋监测智能设备与技术的广泛应用，建立全方位海洋动态监测体系，不断提升海域动态监管能力，拓展无人机三维立体监管平台应用，对接国家海洋卫星数据，构建由海域使用动态监控与指挥办公、海域使用动态监视监测业务管理、海域动态评价与决策支持组成的海洋立体观测系统。推进沿海三市海域动态监管能力建设，构建"天上探、地面测、视频看、网上管"的一体化监控网络，实现全省沿海海域监视监测全覆盖。

2. 完善海洋环境监测预报体系

推进精细化海洋监测与预报服务，鼓励利用互联网开发创新多样化的海洋信息服务产品。推动海洋生态环境保护模式的研究与示范，完善海洋生态环境保护评价体系。构建海洋环境大数据云服务平台，充分整合海洋渔业信息资源，汇集海洋环境、经济、管理等大数据，提升海洋行业科学决策能力与管理水平。探索建立涉海

部门监测数据交换和共享机制,促进各类监测信息的集成共享和综合应用。

3. 完善海洋生产管理体系

推进海洋生产管理精细化。推广海产养殖物联网应用,建立现代渔业管理与生产技术服务云平台,实现水产品网上全程溯源监控,打造安全优质的专业水产品购物网站和综合性水产品交易(展示)平台,实现全省水产经济的线上线下深度融合。强化物联网与渔业船舶在生产、管理等方面的融合,提升渔船救助、船员管理、出入港等安全应急管理效率,打造智慧船联网管理。建立各类特色产业平台,形成一批海洋新兴产业网上智创平台与整合服务平台,推进产业聚集、资源共享。

(六)建立多元投融资机制,引入外包运营模式

"智慧海洋"是长期的系统性工程,需要在政府的主导下,建立多元投融资机制,引导社会资金广泛参与,持续有力地投入。基础设施建设和技术服务方面,宜采用外包运营模式,利用社会专业机构降低运维成本和提升运行效率。

(七)江海联动,陆海统筹,协同发展

"智慧海洋"的建设要融入和依托各市,尤其是沿江、沿海城市的智慧城市建设,利用城市现有的基础设施进行升级改造。加强沿江沿海港口的信息化基础设施建设,通过信息化智能化手段加快改造传统港口产业,推动云计算、物联网、大数据、移动智能终端等技术在港口领域的应用,打造现代化智慧港口。

"一带一路"建设背景下江苏海洋艺术创作生态与对策研究

一、引言

海洋文化是整个人类文化体系的重要组成部分，它是人类文明的源头。人类对海洋本身的认识、利用和因由海洋而创造出的精神的、行为的、社会的和物质的文明生活内涵都属于海洋文化。海洋艺术是海洋文化的一个分支和重要组成部分。在人类的海洋文化史上，人类一切具有审美价值的涉海创造，都属于海洋艺术的范畴。具体地说，海洋艺术是指那些主旨在于通过审美形象来表现海洋、表现人类涉海生活的艺术作品。海洋艺术涉及绘画、雕塑、工艺美术、文创设计、音乐、舞蹈、表演、影像、诗歌等多个学科领域。本研究将目光重点锁定在当前国内及江苏省海洋美术创作研究范围。

二、江苏海洋艺术创作生态发展现状

研究当前某一区域海洋艺术创作生态，必然要以更广阔的视野将其放到更大的时空中去考察和分析，所以研究当前江苏省海洋美术创作，必然会论及古今中外海洋艺术的研究和发展史。

（一）国内外海洋艺术发展历史简述

在历史上，欧洲最早的海洋绘画创作可以追溯到公元前1500年前后，古希腊、罗马艺术家表现海洋，一般会以海神作为象征。欧洲大探险时代，18世纪工业革命之后，船只建造水平的提升令航海事业急速发展，许多浪漫主义画家大量创作海洋画，有表现海港美景、大洋奇景的，也有以壮观的航海悲剧为主题的，如18世纪俄罗斯画家爱伊瓦佐夫斯基画了诸如《九级浪》《海洋》等大量海洋主题绘画作品。到了19世纪，海洋题材继续发展，许多印象派画家都喜欢画海洋风景，其中莫奈画得最多，他的《印象·日出》世界闻名。日本作为亚洲的海洋岛国，对海洋比较有感情，15世纪的水墨画和19世纪浮世绘偶然可以看到海景作品，到了21世纪初期，专门以大海为母题进行创作的艺术家越来越多了起来，艺术形式几乎囊括所有画种。

中国有11 000多个岛屿和14 000千米的海岛沿线，很多个经济文化重镇分布在18 000千米的大陆海岸线上，是一个名副其实的海洋大国，可历史上并没有真正以海洋作为主要创作题材的画家，从荆关董巨到四王四僧，由于国土及经济政治中心多在内陆，沿海处于政治文化的边缘地带，加上交通不便、匪患、海禁等诸多原因，传统的中国画家大多寄情于山水，几乎没有人专注于描绘大海。中国最早的海洋绘画以龙戏水、蓬莱仙境、精卫填海、八仙过海、西游记、龙王礼佛、福如东海等为题材，唐朝时的道释壁画在寺庙里也出现过海洋题材，到了宋元则出现了表现钱塘江大潮的中国画作品，再到明清时期，郑和下西洋、西方文化东渐使得海洋意识逐渐为国人所认知。明清时期海洋题材的画作数量比前朝更多，以诗画题跋或画家个人手札等多种形式记录画家画海心得。从利玛窦将西方基督文化带入中国大陆到郎世宁将西方油画技法传入中国，陆续开启了西学东渐之路，但西方文化艺术并没有对中国本土文化带来根本性影响，直到甲午战争爆发，西方列强取道大海侵入且开始瓜分中国，中国人民才在忧患和耻辱中开始反思和自强。到20世纪初，中国画家才开始真正以海洋为题作画，当时岭南派画家，受日本的影响，偶尔也画海景，但数量不多，如高剑父偶尔有海景之作，陆俨少、傅抱石等近现代艺术家也画过《海疆之涛》《观海图》等海景山水，随后表现海港渔港生活、表现海军和民兵保卫祖国海疆的、以海为衬景的画作在20世纪50—70年代之间出现得较多。

（二）中国当代海洋艺术理论和实践研究进展情况

中国对海洋艺术的关注是从20世纪50—60年代开始的，那时中央美术学院在山东沿海的大鱼岛建立写生基地，到了80年代末90年代初，一群以海洋为题材的国画家们发出了建立海洋画派的先声。随后一些民间海洋艺术研究群体陆续出现，如2002年5月宋明远于新加坡创立"海洋画派"以及2006年7月26日李海涛在北京创立"中国海洋画研究院"。成立于2014年11月16日的深圳大学海洋艺术研究中心，是中国第一家以高校为依托成立的高等院校海洋艺术研究机构和学术交流平台。该中心有校内外研究人员36名，有文创品开发部、海洋历史研究部、绘画创作部、新闻摄影部、模型研究部等多个下设部门。该中心利用深圳的地域优势和城市影响力，努力营造良好的海洋文化艺术氛围并推出海洋文化艺术创新项目，通过科研课题、海洋历史和文献类专著及举办海洋绘画展、海图及舰船模型展等形式开展工作，在世界海图和海洋绘画艺术研究领域进行了一定的探索。由日照市美术馆丁万里承担、2014年结题的"十一五"文化部文化艺术科学研究项目"中国画海洋画艺术创作研究"，是首次以部级课题正式对中国海洋艺术进行研究的项目。该研究从理论和实践层面，对"创建中国画海洋画"和"中国画海洋画技法"进行了探索性研究，并对中国画海洋画的发展和现状、海洋画和中国画艺术形式的融汇、中国画海洋画的未来趋势进行了多视角探索，对发展中国画海洋画具有一定的积极意义。另外，深圳大学海洋艺术研究中心负责人张岩鑫主持的2014年国家社会科学基金艺术学项目"中外海战题材绘画艺术收集与研究"，可以看作是首个国家级海洋绘画艺术研究课题，在海洋艺术研究领域具有积极的意义。近年来，随着海洋题材创作现象的大量出现，理论批评家也逐渐重视对当今海洋油画创作现状及其精神内涵的理论梳理，如2015年10月、2017年11月分别在山东大学（威海）召开的"中国首届海洋油画学术研讨会"和"第二届国际海洋油画学术研讨会"，从海洋艺术创作理论层面上，系统地梳理和讨论中外海洋油画创作的发展历史和现状，探讨中国海洋油画创作中所体现出来的海洋文化精神和海洋美学。

真正意义上的中国海洋艺术创作实践，是在20世纪80年代后期开始的，中国社会改革开放，经济的繁荣发展和人民精神世界的空前解放与自由为中国美术的多元化发展带来了新局面。从这个时候起，中国海洋画陆续出现，当时的海洋艺术创作油画很少，主要是以中国画及其笔墨技法为主导，以表现海洋的近景、主景或全景，描绘海洋的水态和气势，包括海岛、礁石、波涛、海浪、岸渚、渔船意等题材对象的。海洋经济与海洋文化在21世纪受到国家、政府的高度重视后，海洋艺术创作也因此得到空前发展。中国海洋画研究院李海涛教授认为仅用传统笔墨表现不出来大海的壮丽色彩而转移到在用线、用色上进行新的探索，并总结出画好海洋画必须要画出"视觉海、听觉海、味觉海"之"三觉"。近年来，以海洋及其自然景观和人文景观为素材的美术创作热情日渐高涨，全国美展入选油画作品中海洋绘画的比重有了显著提高。从这一点不难看出，对于创作海洋题材油画作品的自觉意识正在油画家群体中逐渐树立起来。此后由中国官方主办的美术创作活动中海洋题材的项目也逐渐增多，如2011年底，由中国文联、财政部、文化部联合实施的中华文明历史题材美术创作工程的150个选题中，涉海的选题有13个，涉水的选题有12个，两项相加，占总选题的六分之一。广州、上海、宁波、青岛、威海等一些有地域优势的城市，更是将海洋经济、海洋文化和海洋艺术紧密结合，依托已有的资源优势进行立体的特色发展，取得较好的效果。例如，山东威海市高校及文化艺术部门，推动"千里海疆长廊"文化建设活动，弘扬、传承和发展群众文化、民俗文化及特色文化，建立威海油画艺术原创基地和威海市油画产业联盟，并以山东大学（威海）为依托创建了海洋油画创作群体和研究团队——海洋绘画研究中心，陆续开展了一系列的理论探索和实践探索活动。山东大学威海海洋绘画研究中心联合威海市美术家协会油画艺委会、威海银兴集团等多家单位，于2017年11月18日至12月18日在威海海洋美术馆举办"2017彼岸·威海海洋油画名家艺术展"，以"彼岸威海"为主题，展出中国、法国、意大利、俄罗斯、韩国等国家和地区的20余位油画艺术家作品。此次展览的内容和形式较以前有所突破，共分海洋油画名家艺术展、彼岸法国海洋油画写生展、此岸·彼岸海洋影像艺术展三个单元，力图静态与动态结合、本土与异国融合，展现中外艺术家对于海洋油画多元探索和海洋艺术的多维表达。"彼岸法国海洋油画写生展"单元展示的是国内外一些海洋油画家在法国翁弗勒尔海洋绘画发源地、吉维尼小镇、巴黎塞纳河、象鼻山等地进行现场写生和创作,以不同的文化维度境域中表现海洋文化,以独特个人化的绘画视觉语言和艺术形式来传达画家的海洋情感体验,同时也是东方与西方海洋艺术创作冲破地域限制的一次小型的交流与碰撞。中共威海市委宣传部、山东省油画学会、威海海洋油画研究院于2017年12月10日举办了"海纳百川——威海中国油画双年展"。这些活动的密集举办,一定程度上体现出威海市有关部门深刻领会党的十九大报告精神,以地域优势为依托,整合多方资源,力图在威海打造出国内首个油画小镇,为构筑自己的海洋油画艺术等城市文化品牌所作出的不懈努力,值得借鉴。

(三)当前江苏省海洋艺术创作生态现状

1. 江苏省具备丰厚的海洋艺术创作土壤和根基

江苏自古以来就是中国的经济中心,素有"水之故乡,人间天堂"的美誉。江苏在"一带一路"交汇点上,位于中国大陆东部沿海,地处美丽富饶的长江三角洲。境内河川交错,水网密布,长江横贯东西,京杭大运河纵穿南北,中国五大淡水湖中的太湖、洪泽湖分别镶嵌于江南水乡和苏北平原,真可谓自然条件优越,物产丰饶。江苏的海岸线北起苏鲁交界绣针河,南至长江口启东嘴,总长约954千米。虽地属黄海之滨,但江苏文化底蕴深厚,文化遗存丰富,有着6000多年的文明史,是中华文明的重要发祥地之一,其特殊的长江三角水系和淮盐文化是得天独厚的。自古以来,中国同外国进行文化交流的途径,一是丝绸之路,二是海路。中国沿海重镇最先同外来文化进行交流碰撞和融合,中国文化在近100年来的与外来文化交融冲击中,一些传统文化理念被怀疑和否定,对西方文化的内涵和核心也没有准确的理解和吸收,造成一定程度的文化畸形和空白,在经济利益的驱使下,"天人合一"与自然和谐共存的理念被征服和掠夺理论取代,海洋生态和景观遭到空前破坏,造成难以挽回的损失,不同地域文化特色和图腾色彩的渔村建筑、木质渔船被西式钢筋混凝土洋楼别墅和清一色冒着黑油烟的铁壳渔船所取代,丧失了地域特色。同样地，中国海洋艺术不能只追风当代艺术，盲目地关注"当代性"而忽略了"历史性"和"地域性"甚至于迷失前进的方向。其实，中国辽阔的海疆和漫长的海岸线以及星罗棋布的岛屿，不同地域的地质地貌以及风俗习惯、图腾信仰、文化传统、历史故事、神话传说和丰富多彩的当代劳动生活，共同构成了中国艺术家进行海洋艺术创作的丰厚土壤和灵感源泉。

2. 江苏"海"的意识不够强，在海洋艺术发展方面没有实质性的举措

随着蓝色经济兴起，全球性的海洋观念和海洋意识日益强化，海洋文化研究和学科建设引起了越来越多人文社会科学学者的浓厚兴趣，受到了社会普遍关注。在"一带一路"建设大背景下，江苏应充分发挥沿海地域优势，借历史机遇，挖掘海洋文化艺术潜力。但作为经济、文化大省的江苏，目前海洋文化艺术创作领域仍处于自发阶段，虽然政府积极推出"水韵江苏""人文江苏""生态江苏"等大型文化推广活动，但没有聚焦到海，江苏虽有个别涉海题材优秀画家，但只有"点"的闪耀而没有形成"面"的影响力，江苏靠海优势还没有发挥出来，没有完全发挥出应有的文化使命与担当。江苏应充分发挥沿海文化、经济高地的优势，积极寻求突破口，促进海洋绘画和其他艺术形式的融汇，探寻江苏海洋艺术的未来趋势和发展策略，找到江苏海洋艺术、海洋文化发展方向和动力支点，以提升江苏文化的知名度。

三、江苏海洋艺术创作生态发展问题

（一）政策主导力度不够，涉海艺术创作研究处于民间自发状态

21世纪的经济发展，蓝色海洋经济在其中充当重要的角色，作为拥有水系发达的"长三角"广袤平原和历史文化丰厚、海岸线绵长的鱼米之乡、经济发达的大省江苏，目前在海洋艺术创作方面已经明显落后于山东省，主要原因在于缺乏相应的政策引导，海洋艺术处于民间自主生发状态。

（1）题材趋同化严重，创作选题普遍趋于一窝蜂"图解三农问题"。笔者发现，当前江苏省内涉及海洋艺术创作的主要有三类创作群体：以地方政府文化部

门领导管理为主的专职或者兼职创作群体、以民间资本支持为主的职业创作群体和以社会个体为主的职业或者业余创作群体。虽然江苏省有关部门早已开始关注江苏"水文化"特色化建设研究，并积极推出"水韵江苏"等大型文化推广活动，但长期以来江苏海洋艺术创作一直没有摆脱民间自生自灭的无组织状态。

（2）片面追求"方向正确"以增加入选机会，一定程度上导致海洋主题创作不仅种类少，而且精品力作缺失。在当代消费文化崇尚的"拜金主义""功利至上"等观念的冲击下，各类创作群体对于"艺术自觉"原则的认知和实践各不相同。一些作品盲目追随市场或者肤浅空泛地理解"主旋律"，机械地反映"三农问题"，缺乏深入生活体验和对时代精神内核的精准把握，导致相当数量的作品明显脱离生活、脱离时代，沦为当代"文化垃圾"。

（二）缺乏大量具有时代新内涵、传承经典、弘扬时代主旋律的优秀作品，流于文化审美的肤浅性

陈传席教授曾说过，民族性内涵最关键的就是文化，从技术上升到工艺，需要一定的传统，更重要的是具备文化内涵。当前江苏涉海美术创作流于肤浅性文化审美格调现象，缺乏对传统文化精髓的深度传承和创新，具有文化内涵深度的作品数量和质量不够。

（1）江苏海洋艺术影响力不够。虽然江苏省也有像庄重、张新权这些以水、船为题材的优秀画家，但宏观上看，只有"点"，没有"面"和整体影响力。"水"是江苏最重要的文化资源，近年来在江苏省相关部门进一步明确并积极推行特色"水文化"建设步伐，积极推出"江南意蕴"等全省性大型美术专题展览活动，而且江苏也有一些以水、船为题材的优秀画家，如2012年12月在中国美术馆举办的"第四届全国青年美展"中，江苏画家庄重展出的是油画《影之舞·九》，水中倒影一直是画家反复着迷表现的题材，在色彩上借用了中国水墨的神韵，从而表达出"水"的自然、静谧与神秘。

（2）江苏海洋艺术高质量作品不多。一些画家在艺术创作中对"水"或"海"元素的利用还浮于视觉形象审美的表层，缺乏立足江苏传统文化的植根性与

内涵性。"水韵江苏"的文化精神内核挖掘还有待于加强。全国美展5年一届，对中国美术界影响巨大，在对第十一届、第十二届全国美展作品的分析中发现，很多优秀的美术作品能清晰地彰显出当代美术创作对于历史现实的人文关怀，流露出当代中国美术家的现实敏锐性和社会责任感，从多种角度揭示中国历史巨变和其中隐含的社会精神的变迁。但真正具有深刻时代内涵，能在思想观念和艺术语言上有很大超越的作品不多，艺术家虽然重视绘画制作技巧，但忽略了创作主体对生活的感悟和对于人自身价值的反思与追问。两届美展不少写实油画作品均明显表现出对照片的依赖性，缺乏最宝贵的原创性，因此被吕品田教授批评为"题材重而构思轻、尺度大而艺术小、样式花而神韵落"三大明显缺陷。这是全国性美术创作的问题，也是江苏省海洋美术创作面临的问题。

（三）地域文化土壤营养吸取不足，艺术创作策略存在短视性

江苏文化底蕴深厚，南京曾是十朝古都，仅国家级历史文化名城就有苏州、扬州、徐州等8座城市。江苏的历史文化遗存丰富多样且特质鲜明，如吴文化的灵慧创新，金陵文化的包容贯通，汉文化的尚武崇文，淮扬文化的睿智务实，等等，还有世界文化遗产苏州园林、明代孝陵以及昆曲、古琴、云锦、苏绣、苏州评弹、紫砂陶艺众多非物质文化遗产俯拾皆是。

应弘扬"两创"精神，讲好江苏故事，传播江苏精神。党的十九大报告倡导我们要立足本土和传统经典。"民族的才是世界的"，地域文化是最为丰富的文化土壤和永不衰竭的创作源泉。党的十九大报告提及的"两创"精神，即"坚持创造性转化、创新性发展"，体现了当前文艺要坚持开放的基本立场。要立足本土和传统经典，满足人民多样化高品质的文艺需求，这是当代艺术家所肩负的时代文艺的重大使命和责任。

单纯追求形式趣味，缺乏应有的文化厚度。笔者在对国家和江苏省文化部门主办的"第八届江苏省油画展""金陵百家"等重要展览分析调研发现，当前江苏美术创作中地域文化土壤缺失，出现不接地气，艺术创作策略过于功利化和短视性现象。

短期利益作为唯一目标。"江苏美术奖"的部分作者片面追求题材的正确性

和技法的熟练，以是否能入选和获奖作为准则，缺失文化自觉性。从涉海艺术创作本体的角度来看，艺术家应该首先尊重个人真实体验和从文化根基上生长起来的情感，地域特色文化土壤需要得到应有的尊重。以当代中国油画创作为例，"油画民族化"是20世纪上半叶以来的长期的主题，从20世纪初到1919年中国式的方法向写生法转变的"样式模仿期"，到1919—1936年期间确立的"写实风格、印象主义、表现主义三大倾向并存"的"风格引进期"，再到1936年以后中国油画进入"如何变通"期，中国油画长期的实践探索证明，中西融合是"变通"的唯一道路，是西画进入中国本土以后发展延续的大趋势。当前中国油画不应该仅仅是模仿西方油画，必须要结合自己民族思想和风俗习惯，蕴含中国自己的文化灵魂。

（四）创作力量区域分布不平衡，文化部门统筹扶持力度不够

创作力量区域分布不平衡而文化部门引导调控存在松散性，仔细思考，实际上二者互为因果。据笔者不完全调查统计发现，目前江苏省涉海类艺术创作无论是创作者还是作品数量，都出现区域分布很不平衡的现象，而且跟经济发达与否有一定关联。苏南经济发达的地区，如南京、苏州、无锡等地级市，与苏北宿迁、淮安、连云港等经济欠发达地区相比，不仅涉海类艺术创作入选、获奖作品的数量和质量占绝对优势，而且作者的受教育背景、职称、收入水平也南北差异十分明显。此外，笔者发现，在"写意江南""江南意蕴——2017江苏油画展""第二届江苏美术奖作品展"等重要展览活动中，部分地区甚至没有出现涉海题材作品入选的情况，这一定程度反映出江苏省一些文化部门引导调控存在"无目的"现象，不同地区，文化管理部门的引导、调控力度存在较大的差异性。

四、江苏海洋艺术创作生态发展对策

（一）加大政策主导力度，建立涉海艺术研究创作机构，开展富有影响力的涉海主题活动

江苏海洋美术创作目前处于民间自发的、零散的状态，比较于2006年在北京创

立的中国海洋画研究院、2014年成立的深圳大学海洋艺术研究中心、2015年山东大学威海海洋绘画研究中心和已经分别在2015年、2017年组织召开了两届的"海洋油画学术研讨会"和"海纳百川——威海中国油画双年展"而言,江苏省在海洋艺术创作方面明显尚未真正起步,在蓝色经济和国家"一带一路"建设大背景下,江苏省应该迅速发挥出文化大省和靠海地缘优势潜质,在海洋艺术生态化建设方面迅速赶超山东、广东等省。

由此建议:

(1)由政府文化部门主要领导牵头成立"江苏海洋文化艺术发展领导小组",迅速开展有关工作。

(2)以江苏海洋大学(淮海工学院筹建)为依托创建江苏海洋艺术研究中心,整合江苏省甚至全国范围内已有一定成绩的以涉海题材艺术家和理论家形成团队,开展涉海艺术理论和海洋艺术实践研究工作,通过召开海洋艺术学术研讨会、举办全国范围的海洋文艺活动来宣传江苏文化,推动江苏海洋艺术发展。

(3)在政府组织的各类项目中设置海洋艺术类专题,并做好前期宣传工作,引导文艺工作者积极投入海洋文艺创作研究。比如,在江苏省社科课题中设置涉海艺术专题,江苏艺术基金中设置海洋艺术专题,由江苏省、市政府部门和江苏省、市文联等文化部门牵头举办全省、全国范围内的涉海美术展览、海洋专题音乐会、涉海专题舞台剧、涉海专题影像展播、涉海文创产品展销会,等等。

对于涉海艺术研究学术本身而言,海洋文化的重心是人文的海洋,海洋美术应致力于描绘海洋精神,而海洋精神则是自由精神的集中体现。我们应该从海洋文化学和海洋美学的层面对当代中国(东方)海洋艺术的精神内核、审美价值、现实意义进行深层探讨,这正是海洋艺术研究的最终落脚点。江苏海洋文化底蕴得天独厚,在当前加大步伐建设"美丽江苏"的基础上,凸显利用地域文化优势资源,从哲学思辨的高度,以表现海洋文化自由、开放、深邃的基本精神内涵为指引,寻找新思路,走出江苏自己的海洋艺术发展特色。

（二）积极引领文艺工作者深入挖掘时代新内涵，在传承经典、弘扬时代主旋律中实现"坚守与创造"

（1）江苏海洋艺术创作应该践行"坚守与创造"的命题。第十二届全国美展提出了"坚守与创造"这个主题，这也是我们这个时代艺术创作应该践行的内容。所谓"坚守"，就是坚守中华文化的立场和核心价值观；所谓"创造"，应当是个性与时代的辩证统一，是个性与时代在艺术史演变中不可被替代的链环。江苏海洋艺术发展也要讲"坚守与创造"，坚守是为了创造，没有纯粹的坚守，只有通过学术讨论以及艺术家的认识、思考和实践，才能实现在创造中坚守，只有立足于我们的地域民族特色和我国自身文化传统土壤的创造与坚守，才能在世界艺术之林争取到话语权。

（2）江苏海洋艺术创作应追求中国文化核心价值观中讲究"礼""义""仁"的品格，这与中国画"雅""静""清"等审美精神相通，当代海洋艺术创作也应该不懈追求古画中强调的"能""妙""神"三种品格。

（3）江苏海洋艺术创作应坚持艺术创作的素材源泉从生活和劳动中来，从传统文化经典中来。党的十九大报告明确指出，我国社会主要矛盾已经转化为人民日益增长的美好生活需要和不平衡不充分的发展之间的矛盾，建设美丽中国，倡导美、引导美，塑造美丽国民、美丽社会，文艺创作肩负着重要的使命。艺术当随时代，江苏海洋艺术创作应将弘扬时代主旋律、体现时代新内涵放在首要位置。我们这个时代主流文化方向是关注劳动人民的现实生活，用思想精深、艺术精湛、制作精良的现实主义作品讴歌党、讴歌祖国、讴歌人民和我们这个时代的英雄。从客观上讲，艺术提升生活质量，丰富生活，为生活服务。

（4）江苏海洋艺术生态建设应推崇艺术民主和学术民主以增强艺术原创力。从社会个体层面讲，艺术创作要强调艺术原创性，必须要以根植于劳动生活和艺术家真实的个人情感体验为前提，不依靠一个成熟的方法和套路去编造，更不能用条条框框的规范去限制，而是要因势利导、正确引领，才能创作出具有时代风尚内涵和强烈个性特征的优秀作品。江苏海洋艺术创作要体现开放吸收的时代内涵，将创新精神作为文艺创作的始终要求。

（三）加大力度"活化"优势的地域文化资源，开辟海洋艺术创作新路径

"一带一路，文化先行。"打好文化牌，是包括江苏省在内的众多新丝路带沿线城市参与新一轮经济竞争的重要突破口之一。习近平总书记2014年10月15日在北京文艺座谈会中谈到，"让收藏在博物馆里的文物、陈列在广阔大地上的遗产、书写在古籍里的文字都活起来"，指明了优秀文化要在创新中、动态中传承，要将充满生命力的"静态质"文化基因变成"活态质"审美实体，转变为可视、可触、可感的"活物"，服务于经济社会和人们现实生活。

（1）海洋艺术发展终极因素在于人。创新是艺术创作的灵魂。当代艺术发展已经出现各种艺术形式相互交融、相互借鉴、互融互通的局面，海洋艺术创作发展也应该不拘一格，在激活、借用传统文化资源的同时，从艺术创作的根本规律出发，巧妙借用其他艺术形式，寻求更广阔的表现空间和更大的可能性。

（2）建议按照"一个原则、两条腿走路、三方面结合"的思路去实施。"一个原则"即是大力弘扬社会主义"主旋律"原则，这是党和国家当前文艺发展的主要方针和路线指引。"两条腿走路"指的是"政府引导"和"（创作者）自主选择"两者兼顾。"三方面结合"指海洋艺术要与地域文化相结合、与时代主流文化和海洋精神相结合、与创作者个人情感体验和真实劳动生活相结合。在这个思路下，苏南的海洋艺术创作特色可与吴越文化与江南文人气质相结合，突出海洋的深邃和灵秀；苏北可与"西游文化""将军崖岩画""东夷文化""两汉文化"相结合，突出海洋的博大和奇幻。从宏观角度来讲，学术创作生态化建设发展是一个系统工程，它必须要以国家或地区的政策为主导，在各级文化主管部门、艺术家共同努力下才能实现。

（3）"活化"祖先的遗产。实现在创新和动态中传承优势的地域文化资源。借用2010年"第十一届全国美展当代美术创作论坛"中陈立红的发言：20世纪90年代以来中国当代艺术对民间美术资源的借用越来越普遍，但在全球化语境下，应该对原始艺术、民间美术相关知识进行深入考察，通过探根寻源来连接中国当代艺

术与民间美术之间的关系，中国当代艺术对民间美术资源的借用与转化情况复杂多样，由此从观念、图像、手法、材料等方面来进行梳理、分析和阐释，为中国当代艺术实践提供有益的启示。而且只有建立在尊重、信赖并热爱自己的文化传统和本土艺术基础上，只有经过转化再造为合乎当代语境，并彰显出中国民间美术的审美价值和文化价值的作品，才是优秀的中国当代艺术作品。近年来，连云港市抢抓机遇，以"西游文化"和"将军崖岩画"中的"神奇浪漫的视觉元素"进行挖掘和提炼并广泛运用于打造"神奇浪漫的国际化海滨城市"中，"活化"了祖先的遗产。连云港、淮安虽属苏北经济相对落后的城市，但其文化底蕴深厚，文化遗存丰富。将军崖岩画和西游文化是连云港地域特色文化的代表，其"神奇浪漫特色"主要体现为"形式美""情感美"和"精神美"三大特征，为连云港市的文化发展寻找新的视觉创意思路。当然，连云港市的"西游文化"和"将军崖岩画"创意开发不能生搬硬套，而是要有机地借用其"艺术语言上的抽象性、超现实与格律美""风格上的开放性、简约化与质朴美"和"境界上的率真性、自由感与超然美"三大特色。连云港市有关地域文化研究者也在尝试将特色文化元素广泛运用到城市视觉设计以及绘画、工艺美术、旅游产品、影视艺术等诸多文化领域进行产业化开发应用实践中，实现在创新中和动态中传承优势的地域文化资源，实现陈列在广阔大地上的遗产的"活化"，具有一定的积极意义。

（四）加大统筹力度，逐步缩小各区域之间海洋艺术创作力量的差距

（1）江苏海洋艺术生态建设既要考虑统筹调控，也应考虑不同区域独具特色的发展路径。苏南、苏中和苏北地区不仅经济差距较大，在海洋艺术创作力量分布上也存在非常明显的差距。文化部门在全省海洋艺术创作政策引领上不能搞"一刀切"或者置之不理任其"自生自灭"，这样只能继续拉大南北之间的文化差距。

（2）江苏海洋艺术生态建设应遵循"统筹兼顾、突出区域特色"及"整体化、系统化"的原则。"一花独放不是春，百花齐放春满园。"笔者建议，有关文化部门在统筹引导中，遵循国家的"二为""双百"和"两创"总方针，加大对苏北地区的经济投入和政策倾斜，按照"以南京、苏州、无锡等苏南经济文化核心地

带为中心和主体，以苏北连云港、淮安等城市地域特色发展为补充，整个江苏省海洋艺术生态一体化建构发展"的思路，加快建设"强富美高"新江苏的步伐，更好地满足人民日益增长的美好生活需要。文化和艺术的发展往往是领先于时代潮流的，一定要以更加开放、包容的态度和更加务实的精神去建设和发展江苏海洋艺术。一方面执行落实党和国家执政新理念，重视文化在社会经济发展中的引领作用，加强统筹引导和重点帮扶，采取更加真实有效的自然策略、人文策略和技术策略；另一方面，还应该从政策的制定、立项扶持和人才培养三个方面加强统筹、引导和帮扶。当然，江苏海洋艺术创作良性生态的形成是一个长期化的过程，应该从"社会因素""自然因素""人文因素"和"个体因素"等层面入手，系统地、持续地、扎实地逐步推进工作，逐步建立一个长效的海洋艺术创作良性生态系统。

"一带一路"倡议与江苏企业走出去法律问题研究

一、引言

作为国家顶层设计的重大发展战略——"一带一路"倡议自2013年底由习近平主席提出之后，受到了各方学者的普遍关注。"一带一路"倡议包括了两大沿线的众多国家，这两条沿线即"新丝绸之路经济带"和"21世纪海上丝绸之路"。"新丝绸之路经济带"一路向西贯穿中亚直至欧洲；"21世纪海上丝绸之路"则是从海路出发，由南向西，途经东南亚、南亚和非洲直至欧洲。可见，"一带一路"倡议涉及的地域和国家十分广泛，推动了国家间和区域间的互联互通，体现着我国"走出去"的发展战略。通过"一带一路"建设，旨在鼓励江苏企业走出国门，积极寻求国外投资市场和发展机遇。"一带一路"建设主要以经济合作为主轴，以文化交流为支撑，彰显了开放与包容的合作理念，将中亚、南亚、东南亚等区域连接起来，进一步加强了沿线国家的经济和文化交往，努力实现优势互补，使亚洲与欧洲的区域合作迈上新台阶，从而更好地促进沿线国家的经济发展与和平稳定。

中国与沿线国家进行投资和贸易往来是"一带一路"建设的一项重要内容。但是，由于"一带一路"沿线各国与我国的社会环境、国家制度和法律规范等方面的诸多不同，加之该地区许多国家存在政局不稳和社会动荡等因素，使其在国际评级机构对国家主权信用评级中的等级较低。中国在与这些国家进行经济交往时将不可避免地遇到一系列来自社会环境、国家政策与法律上的风险，亟须通过提供专业的法律研究为江苏企业与沿线国家在招商引资、对外投资和经贸往来过程中产生的各种风险进行科学预测和积极防范，为"一带一路"建设提供坚实的法律保障。长期以来，江苏企业在进行海外投资时缺乏风险防范意识，经常把国内的经验和做法完全照搬到国外去，既不注重按照国际惯例行事，也没有进行必要的投资风险分析，为此付出了许多惨痛的代价。因此，有效防范与合理规避投资风险，建立行之有效的防范措施就具有了突出的现实性和紧迫性。

另外，对企业投资法律风险的预测是防范风险对策研究的重点。因为对投资法律风险的识别、评估和预测是进一步提出防范与规避企业投资风险的依据和前提。只有找到了投资法律风险所在，才能够对这一风险进行定性和定量分析，找到防范与应对之策。要想全面、完整和系统地识别投资法律风险，就必须充分考虑我国企业在对"一带一路"沿线国家投资时所处的不同于国内的社会环境、经济政策和投资法律制度。由于投资环境、经济政策和法律制度的复杂性，投资风险无疑也是复杂多变的。因而，准确识别和预测各种投资法律风险是风险防范对策研究的前提。规避投资风险的对策研究要关注"一带一路"沿线重点国家相关投资政策与法律制度，比较这些国家与中国在投资政策与法律制度上的异同之处，并结合以往我国企业在海外投资的经验及教训，通过对投资风险及相关数据科学分析的基础上对我国与"一带一路"沿线国家，尤其是俄罗斯、印度、哈萨克斯坦等国投资过程中所面临的风险进行合理预测，并根据对这一投资风险的充分了解与科学预测的结果，提出江苏企业向"一带一路"沿线国家投资的风险防范之策。通过对"一带一路"沿线国家投资风险与防范的研究，加强和完善"一带一路"建设中的投资法律服务，及时发现和规避投资风险，建立起江苏企业参与"一带一路"投资的法律风险防控与应对机制和投资法律服务响应机制。

当江苏企业在对"一带一路"沿线重点国家进行投资即将遇到有关投资法律风险时，该研究可为江苏企业提供投资法律风险事前告知和风险临近预警服务，使江苏企业在对外投资时能够对可能遭遇的法律风险具有前瞻性和可控性；当江苏企业正在遭遇投资法律风险时，可为当事企业规避法律风险与责任提供法律咨询、谈判与代理等专业法律服务；当江苏企业已经遭受投资侵权时，可为当事企业提供投资法律维权与司法救济等专业法律救援服务。可见，这一风险对策研究不是局限于一时一地的法律投资纠纷的个案处理上，而是着眼于参与"一带一路"建设的所有外向型企业在投资纠纷产生前的法律风险预警服务、法律风险防范服务以及投资纠纷产生后的法律维权和司法救济服务，这就涵盖了企业对外投资风险的事前、事中和事后各阶段所对应的法律服务。这一法律服务必然是一种更为全面的、系统的、专业的法律服务模式，需要由一支训练有素的法学专家和律师队伍组成。法学专家对企业投资的法律风险予以预测、评估和鉴定，并能做到实时跟踪企业法律风险的动态变化，及时提出防范投资风险的法律建议；涉外律师则面向各个投资企业开展具体的法律咨询、指导与维权服务。这是一种全方位、全过程、立体式的法律服务模式。这种新型法律服务可为投资于"一带一路"沿线国家的广大外向型企业提供广泛而专业的法律指导，为投资企业所面临的法律风险提供快速而高效的专业法律预警、风险防范和维权服务，积极维护江苏企业在对"一带一路"沿线国家投资中的合法权利和利益，以推动江苏企业更安全更稳妥地"走出去"参与"一带一路"沿线国家的投资与贸易活动，更好地维护健康稳定的投资关系。

二、江苏企业走出去法律风险防范发展现状

"一带一路"沿线的大多数国家为发展中国家，其基础设施较为落后，亟待开发，投资潜力巨大。但是，由于这些国家的宗教、民族、政治和文化等多种因素交织，错综复杂，使得江苏企业在对这些国家投资时面临着政治、经济、文化、法律与社会等一系列风险与挑战。根据沿线国家的政治和经济特点及投资法律制度的分析，江苏企业在这些国家投资所面临的风险必然是多种多样、类型复杂的。笔者认为，归纳起来，投资存在的主要风险包括政治风险、经济风险和法律风险三大类。

（一）政治风险

1. 政治稳定性风险

政治稳定性风险主要包括政府更迭、社会安全、行政干预、民众抗议、爆发战

乱以及国际关系恶化等因素。由于政治稳定性是事关江苏企业投资的全局性问题，其引发的风险也必然是一个全局性风险。因此，对于政治稳定性风险，有意向的投资企业必须认真评估，高度重视，政府及对外法律服务机构需要做好投资风险的提前预警工作。根据国家主权原则，每个国家独立自主处理本国的内外事务而不受他国干涉，国家的经济自主权是国家主权在经济上的表现，集中体现为一国政府对外资的管理权。可见，一国对外资施加适当的管制措施有充分的合法性基础。因此，一国的政治稳定性就会对他国的投资企业产生重大影响。

阿富汗、伊拉克等国由于连年深陷战火之中，其国家政局极为动荡，社会严重不稳，在整体投资风险评估中得分最低。缅甸、柬埔寨正处于民主化转型初期，原有"一党专政"的政治格局难以维系，民众维权意识高涨，引发一些社会和政治动荡，民族和宗教矛盾也开始显露出来。在西方势力的推波助澜下，越南和老挝的民主化思潮也开始抬头，要求政治多元化的呼声也越来越高，近期乌克兰危机的外溢效应也对这些国家造成一定影响。缅甸、菲律宾、印度尼西亚、泰国等国均在不同程度上面临恐怖主义和国内分裂势力的困扰。

哈萨克斯坦也同样面临着政治稳定风险，主要来自频繁的民众抗议所导致的日趋民族主义化，该国经常出于对国家政治腐败、收入分配不均及各种社会问题的担忧而爆发各种抗议活动。民众的抗议活动具有多种不确定性，很可能演变为反对他国投资或是排外情绪的抗议活动，从而严重影响政府对外商投资的态度和政策。哈萨克斯坦本身也存在对江苏企业投资对其国家主权和资源控制方面的担忧和顾忌。这种焦虑一旦引爆了民众的抗议活动，其政府或许会为安抚民愤而倾向于支持民族主义，从而叫停中国投资企业。

因此，江苏企业在向这些国家进行投资所面临的风险极高。许多"一带一路"建设的重大项目往往是备受被投资国政府关注和参与的项目，这些国家的政府一般会积极支持江苏企业的投资项目，如果因政局动荡，换了新政府，既有的投资项目很可能被搁浅或是拒绝。因而可能发生的政治变局将极大地改变投资项目的既定状态，甚至会发生撤销或是罚没等严重事态。新政府上台后也可能实现外国投资的国有化。若两国之间发生战争，战争一旦摧毁了相应基础设施或厂房，江苏企业将很难获得应有的赔偿。因此，对于这些政局严重动荡的国家和地区必须对投资企业给予明确投资警示。一旦项目被叫停和撤销会让债务方因此无力偿还贷款，债权方的债权无法得到实现，从而产生巨大的信贷风险。因此，中国在这些国家投资的企业应尽可能多地宣传投资对当地的巨大贡献和积极影响，并尽量多雇佣该国公民，通过解决该国的就业问题来体现企业对该国的投资价值以减少投资风险。

2. 政府决策与效能风险

高稳定性的国家，其权力交替实现了法律化与制度化，政府运行更加平稳，主要政党具有较为明确的政治共识，政策出台审慎，政府决策稳定可靠，政府效能显著，因此，有利于形成稳定的社会秩序和经济发展预期。反之，不稳定的国家，其政策多变，政府效能低下，主要表现为政策多变、行政人员素质差、权力寻租、庸政懒政、官僚主义、腐败盛行、利益集团影响决策等。政府决策与效能因素会给江苏企业对所在国的投资产生重大影响，不稳定的政府决策与低下的政府效能将导致较大的投资风险。

（二）经济风险

1. 宏观经济风险

"一带一路"建设涉及的国家大部分是经济欠发达国家，这些经济欠发达国家或地区的宏观经济和发展模式各不相同，面临着众多不确定因素。受国际能源价格波动以及新兴市场国家增长乏力等因素的综合影响，中亚国家经济增速趋缓，基础设施严重不足、能源短缺、货币疲软、通货膨胀压力居高不下，宏观经济问题频发。虽然相对良好的经济前景依然可期，如哈萨克斯坦继续推行经济多元化战略；乌兹别克斯坦逐步扩大对外开放程度；土库曼斯坦则继续加大基础设施建设投入。但是，这些国家当前的宏观经济面临较大风险，不得掉以轻心。其经济风险主要是由于其国家经济结构单一，内生动力不足，加之过于依赖外资，抗外部冲击能力较弱等所致。对这些国家开展基础设施等重大建设项目，其资金投入数量大、时间长、未来收益不确定，投资风险具有不可控性。

2. 金融税收风险

由于沿线各国税制不同，有些国家税收监管不到位，缺乏必要的透明度和稳定性，腐败和逃税现象较为普遍。有些国家在外汇管制上的措施可能导致外汇的汇出困难，这些国家的货币兑换的风险存在，在其国家投资的企业应当对此有清晰的了解，以便做好准备，及时规避资金需要汇出时的障碍。我国金融机构应当跟踪研究沿线国家金融法规和监管政策，与信用保险机构、国际组织、金融同业等机构广泛开展合作，建立健全金融监管合作和危机协调应对机制，增强风险分散和缓释能力，积极防范金融体系的区域性、系统性风险。为防范金融风险，应当加强与沿线国家主流银行的交流与合作，建立同业信息交换、资金融通、授信和互委业务关系，形成金融合作纽带，打造目标同向、措施一体、优势互补、互利共赢的协同发展格局，及时为中国在东道国投资企业提供金融风险评估与预测服务。

3. 政府信用风险

在"一带一路"沿线国家中，有些国家存在长期且经常性的主权违约记录。即使该国政府对特定项目进行了政府担保，但如果政府再次宣布违约，江苏企业的海外投资安全将无法得到保障。此外，一些国家的政府对合同的执行力和保护较弱，存在随意更改合同的风险。

（三）法律风险

投资环境是指在某特定经济地域为投资某一经济活动所提供的生产条件及一系列要素，包括硬件、软件环境及各种条件相互作用的统一体。良好的基础设施即为硬件环境，便捷的市场准入与审批程序，透明的法律法规等则为软环境。具体地说，法律环境主要是指软件环境，包含法律的完备性与稳定性、外资市场准入、国民待遇情况、审批程序与效率、投资要求与限制等方面。第二次世界大战后，主权国家对经济、社会领域干预权力扩大，各国相继制定了大量强制性的法律规范，以维护其国家整体利益。

沿线重点国家投资法律环境复杂，如有的国家政局复杂、经济低迷、基础设施严重不足，其涉外经贸法律制度合规性不足，又缺乏稳定性，行政部门效率较低、腐败较重；有的政企合一，对国内产业保护乃至扶持垄断，未来外交路线也存在不确定性，一系列国内问题都影响中国在这些国家投资的顺利进行。这些都是我国对外进行投资所必须面对的环境因素。概括地说，影响投资的法律因素主要从以下几个方面考虑。

1. 东道国法律的完备性与稳定性

"一带一路"沿线的一些国家，如越南、泰国等国的法律制度非常零乱复杂且存在前后不一、甚至完全矛盾的情况，法律的不完备就需要法官在裁决时作出进一步阐明。然而，这种阐明不可避免地会受到法官个人因素的影响，显然不具有确定性和明示性。当地的法官往往各自为政，各行其是，不关心与其他法庭裁决的一致性，同案不同判的情况比比皆是。这为我国投资企业通过该国的以往判例预测和防范潜在的投资风险带来很大困难。有些国家缺乏立法基础与条件，人治多于法治，执法机制不健全，依法合规难度大，存在利益寻租空间。在法律不健全的背景下，外国投资可能被强制国有化，基础设施或厂房如受到战争破坏将无人承担相应责任。同时，许多国家的法律制度也极不稳定，经常修法，导致法无定法，这也为我国企业熟悉与了解当地法律加大了难度。如果没有及时了解法律的变更情况，在商业往来中就会变得非常被动。沿线国家极有可能为了维护本国产业安全不断调整相关法律政策，政策的反复变动对市场化投资势必造成影响。例如，蒙古国2000—2010年间数次对其《矿产法》进行反复修订和调整，导致中国对蒙古国的矿业投资多次出现波动。

2. 东道国法律的一致性与连续性

"一带一路"沿线国家如哈萨克斯坦、土库曼斯坦等国家尚不是世界贸易组织成员，这些国家有关法律、政策不受世界贸易组织法律制度的约束，因此，其许多法律规范、政策与世界贸易组织要求和规定不一致，在通关程序、技术输出与引进、反倾销政策方面存在诸多壁垒。为此，中国投资企业必须有清醒的认识，不可将这些国家与世界贸易组织成员混为一谈，同等对待，以免产生误导，错误地用世贸规则处理在这些国家的投资纠纷。

3. 东道国的司法公正及执法效率问题

司法的公正性也是引起我国企业对外投资风险的一个重要因素。当江苏企业在东道国遭遇经济与合同纠纷时，一般都会选择诉诸法律，通过诉讼的方式予以解决。如果东道国司法程序透明度不高，法官偏袒自己国家的企业，无法公正审理案件，江苏企业的合法诉求就得不到应有的支持，企业的投资利益就无法通过司法途径进行保护。东道国司法程序的进展速度也会深深地影响江苏企业合法权利的实现。如案件审理久拖不决也会导致权利的保护被空置。司法不公无疑会直接影响到江苏企业与东道国企业的公平竞争关系，损害江苏企业的投资利益。

4. 东道国的外资准入限制规定

各国都是依照自身国情决定给外资企业不同程度的国民待遇，即使这样，也不等于对国内企业和外国企业完全一视同仁，而只是一种有差别和限制性的国民待遇。许多国家都会对公用事业、国防工业、原子能工业、交通、银行和保险等行业进行禁止和限制。几乎所有的投资协定都要求东道国对来自其他国家的投资者给予"公平公正待遇"。投资东道国应根据公平公正待遇而负有注意义务，应当采取必要措施以确保对投资案例予以充分保护。因此，东道国的外资市场准入制度必须严格遵守"公平公正待遇"这一原则而不得减损。但是，在"一带一路"沿线的发展中国家，这一原则在实际落实过程中往往会大打折扣，以保护其国家与公共利益为名实施限制外资进入特定行业之实，值得江苏企业警醒。例如，印度政府在对外国投资一些政治敏感性较强的产业中设置有比例限制或其他限制条件，具体规定为国防设备生产及保险业外资持股不得超过26%，航空运输业和资产重组公司不得超过49%，单一品牌零售贸易不得超过51%。

三、江苏企业走出去的法律风险防范可行性分析

我国企业对"一带一路"沿线国家投资的法律风险主要来源于不了解投资意向

国的相关投资法律制度，以及由于东道国的法律及政治、经济、社会制度等方面的不同和政府投资政策转向等因素导致的不利法律后果。对于能否规避这些因素，取决于消除这些因素影响的措施是否可行和有效。

（1）对于获取投资意向国的法律文本，可以依托法律中英双语人才提供专业法律文本翻译服务，获知沿线各国的法律制度和相关规定。在对沿线国家的有关投资法律制度进行系统梳理之后，形成投资目的国的法律汇编，就可以为我国企业"走出去"提供便捷高效的法律信息查询服务，就可以做到提前预测投资风险。

（2）对于企业投资目的国政府的政策转向而产生的风险问题，中国政府和投资企业可以通过与东道国的政府和企业建立密切交往和沟通，及时掌握情况，并且在企业投资行为所涉及的各个领域和环节对政府政策进行全过程跟踪，动态研究其法律与政策，及时获取政策的变化情况，第一时间开展有针对性的投资法律应急服务，就能够有效规避因东道国政府的政策突然转向所带来的江苏企业的投资风险。

（3）对于投资目的国的政治、经济和文化等因素的影响，只要江苏企业能够和愿意主动与东道国的政府和人民积极沟通，尊重和适应东道国的政治、经济模式和文化习俗，通过交流与对话，实现包容互鉴，通过共同进步实现互利共赢，"一带一路"建设的投资各国就可以在相互信任的基础上，共同克服猜疑和前进道路上的障碍，携手向前。

（4）江苏企业对外投资所遇到的很多风险都是具有可控性的，只要我们能够全面掌握东道国的投资政策、法律制度及社会现状，有一支能够提供投资法律服务的专业法律队伍，建立起一整套科学的法律风险评估与防范机制，通过对投资风险问题的不断研究并创造性地探索各种可行性方案，就可以有效规避"一带一路"建设中的投资风险。

四、江苏企业走出去的法律风险防范对策

（1）在对"一带一路"沿线国家投资法律环境和影响因素进行分析论证的基

础上，对中国与东道国有关投资法律的一致性规定与差异性规定进行有针对性的比较与分析，充分了解"一带一路"沿线国家的投资法律制度，并把握两者之间的异同之处。对于投资法律规定上的不同之处，主动了解东道国法律的立法背景和目的意义，将有利于全面把握和灵活运用法律保护企业的合法权益。

（2）注重分析江苏企业对沿线国家投资的历史经验和教训，在对各种发生的法律风险事件科学分析和总结的基础上，对江苏企业海外投资所面临的潜在法律风险的成因、所涉及的相关法律以及可能引发的法律责任等进行全面而系统的预测和判断，从而归类和确定各类投资风险的性质和程序，准确推断我国企业在相关国家投资可能存在的法律风险问题。

（3）对投资风险进行定性和定量分析，找到其中的规律，总结触发投资风险的决定因素，实现对投资风险的科学预测和防控。为此，应当建立"一带一路"国别投资风险评估制度。通过对沿线各国进行投资风险分析，建立起"一带一路"国别资料库和风险数据库，通过进一步整合分散的相关数据资源，把沿线国家的经济概况数据化、指标化，为科学有效地开展风险评估工作做好全面而充分的数据储备。

（4）企业走出去面临的法律风险防范对策与建议。

第一，要与东道国文化、社会习惯和法律法规和谐共处。为此，中国对外投资企业需要尽快了解和融入当地社会文化。"一带一路"相关国家的经济、社会环境、语言文化、商业规则、法律体系、行业标准等方面情况比较复杂，对江苏企业的适应能力和管理水平提出了更高要求。"一带一路"倡议本身就是一种以沿线各国民心相通为基础的合作倡议，是一条寻求相向而行、心灵沟通的共赢和信任之路。只有通过加强交流与对话，通过包容互鉴增加彼此友谊，通过共同进步实现互利共赢，"一带一路"建设才可以在增进沿线各国信任的基础上，克服猜疑和障碍，顺利地进行下去。

第二，科学论证投资项目，实现投资项目多元化、分散化，以规避投资风险。对投资项目的立项评估可以考虑广泛吸收国际性或地区性的多边组织甚至民间团体等第三方参与，可以吸纳所在东道国的政府与国民参与，充分听取他们的意见，及时沟通，获取当地政府与民众的理解和支持。中国对外投资企业应在东道国的不同领域、不同产业开展多种投资业务，或在同一产业中投资生产不同产品，使企业投资项目分散化，通过积极扩大业务范围，开展多元化经营，从而增加企业收益机会，分散经营风险。

第三，编撰投资目的地法规汇编，建立投资风险指导案例库。通过法典翻译的方式向中国投资企业引介"一带一路"投资意向国的相关法律制度，使江苏企业在对外投资时可以很方便地查阅东道国的相关法律。通过投资风险的典型案例汇编，为投资企业及时了解和规避类似的法律风险提供有针对性的指导。

第四，设立"一带一路"法律服务律师库，提供对外投资方面的专业法律服务，江苏企业在对"一带一路"沿线国家进行投资时，需要对当地的法律环境和法律制度有较全面而深刻的了解和把握。但是，其自身语言和法律能力均无法应对，相关资料又非常有限，这就需要专业的对外投资法律服务队伍全程跟进。这一队伍由涉外律师和法律工作者组成，也可吸纳东道国的律师加入，为江苏企业家投资"一带一路"建设提供法律风险分析、法律咨询、代理和维权服务。通过这一律师库，实现两国或多国法律服务的沟通、互助与共享。

第五，遵守东道国的法律和政策，主动承担社会责任，提高中企接受度。江苏的对外投资企业应积极遵守东道国的有关投资的法律和政策，其发展策略应考虑东道国的经济政策和产业导向。企业除了谋取经济利益外，还应当主动承担当地的社会责任，处理好与东道国政府和人民的关系，以提高江苏企业在东道国的接受度，这无疑将有利于江苏企业在东道国的长期而稳定的发展。

第六，建立江苏企业海外投资风险评估预警机制与投资保险制度。建立对外投资风险评估和预警机制，及时开展投资国别风险评估工作，定期发布投资国别风险评估报告，建立境外投资风险预警、风险管理与风险处置机制，加强境外投资风险预警、监测和应对工作。探索利用财政资金建立投资保险制度，救济已经受到风险侵害的企业，帮助企业提升防范境外投资风险的能力。

"一带一路"建设背景下的海州湾海洋特别保护区地方性立法研究

一、"一带一路"交汇点核心区战略背景

党的十八届三中全会提出,"推进丝绸之路经济带、海上丝绸之路建设,形成全方位开放新格局。"连云港作为江苏"一带一路"交汇点建设核心区和先导区,陆上向西连接丝绸之路经济带,海上南北连接海上丝绸之路,形成带路交汇点,海陆两便,具有独特的战略区位优势。2013年9月,连云港与哈萨克斯坦签署了共建过境货物运输通道及货物中转分拨基地的合作协议,提出将连云港打造为哈萨克斯坦的战略出海口,凸显了连云港在"一带一路"建设中重要而独特的地位。2013年11月,上海合作组织成员国总理第十二次会议又确定将连云港作为中亚五国共同出海口,这是对连云港市作为江苏"一带一路"交汇点核心区的最好印证。

"一带一路"建设对保护区立法提供了新的挑战和新的启示。一是"一带一路"建设促进了港口资源开发。连云港港是中国沿海主要港口和区域性枢纽港之一、全球百强集装箱港、江苏省唯一的深水大港。"一带一路"倡议的提出,使连云港在促进我国新一轮对外开放中的战略地位更加突出。在未来连云港市海洋经济构想中,将对连云港区、赣榆港区、徐圩港区和灌河港区经营性资产资源进行实质性整合,实现连云港全港一体化开发;加快港口公共基础设施和配套设施建设,增强港口综合生产能力,全面建成30万吨级航道二期、连云港LNG接收站、徐圩30万吨级原油码头等工程,实现赣榆港区15万吨级航道、灌河港区5万吨级航道建成通航。这一系列的涉海工程大多在临近保护区或者就在保护区的海域范围内。如何在确保港口用海、促进港口资源开发的同时,保护海洋环境,使海洋生态资源得到有

效补偿成为保护区立法需要重点关注的问题。二是加强人文交流，包括海州湾海洋文化交流、科研交流、发展旅游等。丝绸之路是古代中国同西方文化往来的重要通道。"一带一路"倡议传承了古代丝绸之路文化交流的使命和任务。连云港是经考古证明的"海上丝绸之路"，有"摩崖石刻"等重要的历史遗存。在"一带一路"建设不断推进的过程中，需要深入挖掘历史积淀，促进文化传承和交流。

二、保护区概况

海州湾位于江苏省连云港市沿岸，东临黄海，宽42千米，岸线长87千米，海湾面积876平方千米，是一个半开阔海湾，生物资源丰富，自然环境独特。2008年1月，国家海洋局批准建立江苏连云港海州湾海湾生态与自然遗迹海洋特别保护区，实施对典型的海蚀地貌、海积地貌、古海堤、羽状沙嘴等自然与历史遗迹的有效保护，实现海湾生态系统的修复，协调海洋生态保护与周边潮滩发展生态养殖、海洋生态旅游开发的关系。

三、保护区立法的必要性

当前海州湾海湾生态与自然遗迹海洋特别保护区正处于加快建设的关键时期，但连云港市尚未出台该保护区的地方性法规，保护区的规范管理缺乏法律依据。特别是2018年国家海洋局对海州湾海湾生态与自然遗迹海洋特别保护区各项建设进行考核，其中关于出台该保护区的地方性法规是主要考核内容之一。海州湾特别保护区法律法规的出台和连云港市海州湾海洋经济的发展没有冲突或矛盾，而且可以作为保护区的重要组成部分，有利于保护海洋资源和海洋生态环境，加快连云港市海洋经济的前进脚步，达到社会效益、经济效益和生态效益的统一，促进海洋开发和海洋经济的可持续发展。因此，尽快出台《江苏海州湾海湾生态与自然遗迹海洋特别保护区管理暂行办法》迫在眉睫。

四、保护区管理的法律依据

1982年的《联合国海洋法公约》，1982年的《中华人民共和国海洋环境保护法》和1999年修订后的《中华人民共和国海洋环境保护法》，以及2001年的《中华人民共和国海域使用管理法》都对海洋特别保护区的问题作出了原则规定。保护区区域内的秦山岛、连岛、羊山岛和竹岛，也适用2009年的《中华人民共和国海岛保护法》。2010年国家海洋局出台了《海洋特别保护区管理办法》《国家级海洋特别保护区评审委员会工作规则》《国家级海洋公园评审标准》等配套文件。

五、法律制度包含的主要内容

（一）管理对象

《江苏海州湾海湾生态与自然遗迹海洋特别保护区管理暂行办法》（草案）[以下简称《办法》（草案）]适用于江苏海州湾海洋特别保护区的建设和管理。《办法》（草案）所称江苏连云港海州湾海湾生态与自然遗迹海洋特别保护区，是指连云港海域范围内海洋历史文化遗迹最具有科学价值和保护价值、保护对象最集中的区域，其沿岸及附近岛屿是鸟类迁徙的重要通道，是需要采取有效保护措施和科学开发方式进行特殊管理的典型海洋海岸岛礁自然地貌区。

（二）保护区的监督管理体制

连云港市海洋与渔业局是连云港市海洋行政主管部门，根据江苏省人民政府海洋行政主管部门制定的国家级海洋特别保护区建设发展规划，建立、建设和管理海州湾海洋特别保护区。

沿海各级人民政府履行海州湾海洋生态系统保护职责，保障对海州湾海洋特别保护区建设的投入，加强其宣传、教育，促进海州湾海洋特别保护区建设事业的发展。对于在海州湾海洋特别保护区建设、管理和保护中做出突出贡献的单位和个人，沿海各级人民政府应当予以奖励。

连云港市海洋行政主管部门会同同级财政部门设立海洋生态保护专项资金，用于海州湾海洋特别保护区的选划、建设和管理。

任何单位和个人都有保护海州湾海洋生态系统、协助和支持海州湾海洋特别保护区建设和管理的义务，并有权对破坏、侵占海州湾海洋特别保护区的单位和个人进行检举和控告。

（三）保护区的范围

海州湾海洋特别保护区，保护范围以秦山岛为中心划定，南侧和西侧以现有海岸线为界，东侧和北侧界线依据连云港人工鱼礁工程区的东界和北界划定；保护区按功能划分为4个区：生态保护区、资源恢复区、生态环境整治区各一块，开发利用区二块，三个保护点分别为龙王河口沙嘴保护点、竹岛保护点、东西连岛苏马湾保护点。

（四）保护区的建区

连云港市海洋行政主管部门应当按照批准的海州湾海洋特别保护区的范围和界线，兼顾保护对象的完整性和适度性以及当地经济建设和居民生产、生活的需要，设立界标和标牌，公布海州湾海洋特别保护区生态保护区、资源恢复区、生态环境整治区、开发利用区边界坐标，并公布海州湾海洋特别保护区管理的规章、制度、措施等相关信息。海州湾海洋特别保护区的调整和撤销，由国家海洋局批准。海州湾海洋特别保护区内有特殊保护对象的，可以在其所在地地名后加特殊保护对象的名称。任何单位和个人不得移动、污损和破坏海州湾海洋特别保护区的界标和标牌。

（五）保护区的管理机构及职能

海州湾海洋特别保护区管理处，具体负责海州湾海洋特别保护区的日常工作，在行政和业务上受连云港市海洋行政主管部门的监督和管理。

海州湾海洋特别保护区管理机构的主要职责包括：①贯彻落实国家及地方有关海洋生态保护和资源开发利用的法律法规与方针政策；②制定实施海州湾海洋特

别保护区具体管理制度；③制订实施海州湾海洋特别保护区总体规划和年度工作计划，并采取有针对性的管理措施；④组织建设海州湾海洋特别保护区管护、监测、科研、旅游及宣传教育设施；⑤组织开展海州湾海洋特别保护区日常巡护管理；⑥组织制定海州湾海洋特别保护区生态补偿方案，生态保护与恢复规划、计划，落实生态补偿、生态保护和恢复措施；⑦组织实施和协调海州湾海洋特别保护区保护、利用和权益维护等各项活动；⑧组织管理海州湾海洋特别保护区内的生态旅游活动；⑨组织开展海州湾海洋特别保护区监测、监视、评价、科学研究活动；⑩组织开展海州湾海洋特别保护区宣传、教育、培训及国际合作交流等活动；⑪建立海州湾海洋特别保护区资源环境及管理信息档案；⑫发布海州湾海洋特别保护区相关信息；⑬其他应当由海州湾海洋特别保护区管理机构履行的职责。

连云港市海洋行政主管部门负责组织建立由政府有关部门及利益相关者组成的海州湾海洋特别保护区协调机制，负责协调解决保护区管理机构职责以外的各类涉海活动；审议保护区内的执法巡护方案、重大生态保护项目、生态旅游及其他资源开发活动方案和涉及社区公众利益的重大事件。

（六）保护区的管理

1. 总体规划

海州湾海洋特别保护区管理机构应当编制海州湾海洋特别保护区总体规划。海州湾海洋特别保护区内的保护与利用活动应当符合海州湾海洋特别保护区总体规划的要求。

2. 生态恢复方案或生态补偿措施

海州湾海洋特别保护区内实施开发利用活动者应当制定并落实生态恢复方案或生态补偿措施，区内外排污及围填海等活动造成海州湾海洋特别保护区生态环境受损的单位和个人应当支付生态补偿金。

海州湾海洋特别保护区管理机构应当根据有关技术标准，定期组织实施保护区内的社会经济状况、资源开发利用现状调查和生态环境监测、监视和评价工作。

3. 管理评估制度

连云港市海洋行政主管部门应当对海州湾海洋特别保护区进行监督检查，按照规定组织开展海州湾海洋特别保护区建设和管理评估。

4. 分区管理

海州湾海洋特别保护区生态保护、恢复及资源利用活动应当符合其功能区管理要求。保护区按功能划分为生态保护区、资源恢复区、生态环境整治区、开发利用区。在生态保护区内，实行严格的保护制度，禁止任何破坏海洋生态系统的开发活动，保护现有的海洋及海岸生态环境和生物多样性。在资源恢复区内，根据科学研究结果，可以通过拆迁陆源污染企业、人工放流渔业苗种、投放人工鱼礁等措施，修复生态系统失衡，恢复海洋生态、资源与关键生境。在生态环境整治区，通过实施陆源污染物排放总量控制计划、达标排放、限制开发利用活动等措施，在确保海洋生态系统安全的前提下，允许适度利用海洋资源。在开发利用区内，在确保海洋生态系统安全的前提下，鼓励实施与保护区保护目标相一致的生态型资源利用活动，发展海上观光旅游、生态养殖、滩涂养殖、休闲渔业等海洋产业。

5. 执法管理

县级以上海洋、渔业行政主管部门及其所属执法机构，依法负责海州湾海洋特别保护区内的监督检查，查处违法行为。

6. 突发事故的处理

连云港市海洋行政主管部门负责组织沿海县（区）海洋行政主管部门建立海州湾海洋特别保护区应急系统，制定保护区及其周围区域应急预案。当发生海洋环境污染、生态破坏事故和自然灾害时，海洋行政主管部门与有关部门和单位应当相互配合，按照应急预案采取措施，消除或者减轻灾害。

海州湾海洋特别保护区内应当配备应急设备和设施，并进行定期检查和维护。

7. 其他

鼓励单位和个人在自愿的前提下，捐资或者以其他形式参与海州湾海洋特别保护区建设与管理。

(七)保护工作内容

1. 保护区对象

严格保护典型海州湾海洋生态系统分布区、自然景观、历史遗迹、珍稀濒危海洋生物物种及重要海洋生物的洄游通道、产卵场、索饵场、越冬场、栖息地等各类重要海洋生态区域。任何单位和个人不得擅自改变海州湾海洋特别保护区内海岸、海底地形地貌及其他自然生态环境条件;确需改变的,应当经科学论证后,依法上报海洋行政主管部门批准。

2. 控制外来物种

严格控制将外来物种引入海州湾海洋特别保护区;确需引入的,应向连云港市海洋行政主管部门申请,报物种主管部门批准。

3. 严格控制的活动

严格控制在资源恢复区、生态环境整治区、开发利用区内实施围垦滩涂、围海、填海等利用活动。确需实施上述活动的,应当进行科学论证,并按照有关法律法规的规定报批。

4. 禁止在生态保护区内进行的活动

禁止从事破坏海洋生态系统的开发活动。例如,破坏羽状沙嘴、古沙堤、海蚀等海岸线地貌;砍伐红楠、珊瑚菜、单叶蔓荆、香豌豆、沙滩黄芩(国家重点保护濒危珍稀植物)等沙生植被、植物物种;采捕白额䴉、白鹭、夜鹭、黑鹳、赤腹鹰、雀鹰、白尾鹞、丹顶鹤、震旦雅雀(稀有种类)、石鸡、岩鸡(江苏特有)等鸟类;捕捞鳓鱼、鲆鲽类(包括鳎类)、黄姑鱼、梅童鱼、海鳗毛蚶、密鳞牡蛎、近江牡蛎、小刀蛏、扁玉螺、红螺、菲律宾蛤仔、真鲷、鲍鱼、海参、扇贝、裙带菜等珍贵海珍品、鱼类、藻类。

5. 禁止在资源恢复区、生态环境整治区、开发利用区进行的活动

例如，狩猎、放牧、采集、垦荒、开矿、采石等活动；炸鱼、毒鱼、电鱼；采捕野生鸟类、鸟蛋、珍贵海珍品等；直接向海域排放污染物；加工、销售、运输和携带以受保护的动植物与岩石等为原材料制作的旅游纪念品；移动、污损和破坏海洋特别保护区设施。

（八）保护区的适度利用

1. 适度开展活动

在海州湾海洋特别保护区内，经向海洋行政主管部门申请，依法批准后可以适度开展下列活动：生态养殖业；人工繁育海洋生物物种；生态旅游业；休闲渔业；无害化科学试验；海洋教育宣传活动；其他经依法批准的开发利用活动。

2. 重点建设项目

对符合海州湾海洋特别保护区总体规划的重点建设项目，应当向连云港市海洋行政主管部门申请，报请国家、省有关部门批准，并按照相关法律法规的要求进行海洋工程环境影响评价和海域使用论证。海洋工程环境影响评价报告和海域使用论证报告应当设专章编写生态环境保护、生态修复恢复和生态补偿赔偿方案及具体措施。

3. 海水养殖业

按照养殖容量从事海水养殖业，合理控制养殖规模，推广健康的养殖技术，合理投饵、施肥，养殖用药应当符合国家和地方有关农药、兽药安全使用的规定和标准，防止养殖自身污染。

4. 旅游业

科学确定旅游区的游客容量，合理控制游客流量，加强自然景观和旅游景点的保护。禁止超过允许容量接纳游客和在没有安全保障的区域开展游览活动。

5. 其他活动

进入海州湾海洋特别保护区拍摄影视片、采集标本的单位或个人，应当严格遵守国家有关规定，经海州湾海洋特别保护区管理机构同意并报国家海洋局备案后方可开展……

从事前款活动的单位或个人，应当将其活动成果的副本提交海州湾海洋特别保护区管理机构保存。

海州湾海洋特别保护区内可以建设管护、宣教和旅游配套设施，设施建设必须按照海州湾海洋特别保护区总体规划实施，并与景观相协调，不得污染环境、破坏生态。重点保护区、重要景观及景点分布区，除必要的保护和附属设施外，未经批准不得建设宾馆、招待所、疗养院和其他工程设施。

海州湾海洋特别保护区可以作为海洋生态保护和资源可持续利用的科研、教学和实验基地。

在海州湾海洋特别保护区内从事科研、教学及其相关活动，建设实验基地的人员，不得破坏海洋生态系统。

在海州湾海洋特别保护区内开展的科学研究成果应当与保护区管理机构共享，并向保护区管理机构提交副本。

在海州湾海洋特别保护区内开展活动，需要调整已经确定的海州湾海洋特别保护区生态保护方案和资源利用方案的，在调整前，应当报请连云港市海洋行政主管部门批准。

6. 经营性开发利用活动

海州湾海洋特别保护区内的经营性开发利用活动，可以依照有关法律法规和海州湾海洋特别保护区管理制度及总体规划，由海州湾海洋特别保护区管理机构实施，也可以在海州湾海洋特别保护区管理机构监管下，采用公开招标方式授权企业经营。授权企业经营的，海州湾海洋特别保护区管理机构应当与企业签订特许经营协议，实行资源有偿使用制度，有偿使用收益应当专门用于海州湾海洋特别保护区的保护和管理以及对有关权利人损失的补偿。

参考文献

阿格纳·桑德莫, 1973. 公共产品和消费技术. 政治经济学杂志.

保继刚, 1988. 旅游资源定量评价初探[J]. 干旱区地理, 11(3):60-63.

曹辉, 兰思仁, 2001. 福州国家森林公园森林景观游憩效益评价[J]. 林业经济问题 (5):296-298.

曾妮娜, 2011. 浅议旅游文化品牌的建设[J]. 旅游市场 (3).

柴继光, 1991. 中国盐文化[J]. 运城高专学报 (3).

陈浮, 等, 2001. 旅游价值货币化核算研究——九寨沟案例分析[J]. 南京大学学报, 37(3):296-302.

陈海亮, 2010. 广东省海洋与渔业信息化建设研究[J]. 海洋信息 (4):1-2.

陈举, 2016. 我国新疆与中亚五国高等教育合作发展的机遇与路径选择[J]. 教育探索 (2).

陈思敏, 2013. 江苏沿海经济的发展现状分析[J]. 商情 (16).

陈应发, 1996. 费用支出一种实用的森林游憩价值评估方法[J]. 生态经济 (3):27-30.

陈应发, 1996. 条件价值法——国外最重要的森林游憩价值评估方法[J]. 生态经济 (5):35-37.

楚义芳, 1989. 旅游的空间组织研究(博士论文) [D]. 天津：南开大学出版社.

褚夫秋, 2006. 滨海旅游资源价值评估研究[D]. 青岛大学: 13-17.

从"数字海洋"到"智慧海洋"[N]. 福建日报, 2014-09-20(3).

丁文魁, 1988. 风景名胜研究[M]. 上海：同济大学出版社.

段九如. 整合资源推进"智慧海洋"战略[N]. 中国船舶报, 2015-11-13(2).

范锴, 1999. 汉口丛谈校释[M]. 江浦, 等, 校释. 武汉：湖北人民出版社.

范以煦, 1855. 淮壖小记：卷4 [M]. 刻本.

方环海. 早期汉学期刊与汉语域外传播[J]. 中国社会科学报, 2015-10-27.

方金敏, 2006. 白马雪山自然保护区森林游憩资源价值评估[D]. 西南林学院.

丰坤武, 2009. 江海风情：南通文化特色之一[J]. 南通职业大学学报, 23(3):1-9.

冯家道, 2004. 淮盐纵横谈[J]. 海洋开发与管理 (2).

港口合作发力. 中国东盟海上互联更紧密[EB/OL]. （2017-09-15）[2017-10-24] http://www.

china. com. cn/news/2017-09/15/content_41591581. htm.

高书军, 2009. 海洋旅游理论解析与方法论研究[D]. 中国海洋大学.

高悦, 沈昊婧, 李孔明, 2008. 用改进的旅行费用法评估东湖风景区的游憩价值[J]. 中国集体经济改革论坛 (2):72-73.

管华诗, 王曙光, 2003. 海洋管理概论[M]. 青岛：中国海洋大学出版社.

郭剑英, 王子昂, 2004. 旅游资源的旅游价值评估[J]. 自然资源学报, 19(6):811-817.

郭长风, 2012. 文化基因论：地域文化对区域经济的影响[M]. 北京：中国经济出版社.

国家海洋局, 2016. 中国海洋统计年鉴2015[J]. 北京：海洋出版社.

海上苏东. https://max. book118. com/htm/2018/0917/7132116024001150. shtm.

韩宏, 马明呈, 赵昌宏, 等, 2009. 北山国家森林公园游憩价值经济性评价[J]. 西北林学院学报, 24(1):208-211.

何龙芬, 2011. 我国海洋文化产业集群形成机理与发展模式研究[D]. 舟山：浙江海洋学院.

贺征兵, 吉文丽, 胡淑萍, 2008. 基于CVM的景观游憩价值评估研究——以太白山国家森林公园为例[J]. 西北林学院学报 (5):66-71.

胡开宝, 2006. 汉外语言接触研究近百年：回顾与展望[J]. 外语与外语教学(5).

黄承吉, 1999. 烟波词[M] //范锴, 江浦, 校释. 汉口丛谈校释. 武汉：湖北人民出版社: 295.

黄茂祝, 徐波, 张杰, 等, 2009. 五营国家森林公园游憩价值评价研究[J]. 中国林业经济 (5): 25-28.

（嘉庆）两淮盐法志：卷55杂记·碑刻下卷8转运·六 省行盐表. 刻本. 1806.

贾凌民, 吕旭宁, 2007. 创新公共服务供给模式的研究[J]. 中国行政管理 (04):22-26.

江苏沿海地区发展规划获批, 升格为国家战略[EB/OL]. （2009-09-11）[2017-11-10] http://news. sohu. com/20090911/n266636833. shtm.

教育部, 2016. 推进共建"一带一路"教育行动.

举办创建江苏海洋大学研讨会[EB/OL]. （2017-08-29）[2017-11-16] http://xuri. hhit. edu. cn/nry. jsp?urltype=news.1.

孔尚任, 1962. 蓬门行为张谐石韵[M] //汪蔚林. 孔尚任诗文集. 北京：中华书局:90.

李参德, 2014. 产业融合背景下的青岛海洋旅游业发展研究[D], 中国海洋大学, 6.

李斗, 2004. 扬州画舫录[M]. 北京：中华书局:350.

李涵, 等. 缪秋杰与民国盐务[M]. 北京：中国科学技术出版社.

李会民, 王洪礼, 郭嘉良, 2007. 海洋生态系统健康评价研究[J]. 生产力研究(10):50-51.

李佳, 李静峰. "一带一路"需要语言服务跟进[N]. 中国教育报, 2015-7-15.

李立鑫, 瞿群臻, 2014. 长三角区域海洋文化资源开发研究[J]. 科技管理研究, 34(6).

李青, 2016. 地域性文创产品品牌符号设计——以楚文化为例[D], 湖北工业大学, 5.

李涛, 2014. 基于科技与文化融合的海洋文化产业研究[J]. 文化艺术研究 (2):8-13.

李巍, 李文军, 2003. 用改进的旅行费用法评估九寨沟的游憩价值[J]. 北京大学学报 (4): 550-552.

李雪艳, 2010. 喀纳斯景区旅游资源游憩价值评价[J]. 林业资源管理 (4):90-97.

李宇明. "一带一路"需要语言铺路[N]. 西安日报, 2015-9-28.

林媚珍, 纪少婷, 吴华清, 等, 2015. 广州白云山风景区森林游憩价值评估[J]. 广州大学学报（自然科学版）, 12(06):78-80.

刘爱玲, 赵鸣, 2013. 海州湾海洋文化资源、人文生态环境与旅游产业发展[J]. 淮海工学院学报（社会科学版）(24):137-140.

刘东来, 1996. 中国的自然保护区[M]. 上海科技教育出版社.

刘敏, 陈田, 刘爱利, 2008. 旅游地游憩价值评估研究进展[J]. 人文地理, 1(13):14-15.

刘培享, 2014. 电子政务服务顶层设计探究及应用[J]. 电子商务(1).

刘亚萍, 廖蓓, 金建湘, 2012. 广西巴马盘阳河沿岸长寿资源的游憩价值评价——基于修正的区域旅行费用法[J]. 资源科学, 34(5):964-972.

刘颖, 2015. 海洋经济低碳化核算研究[J]. 经济视野 (4):187.

刘增涛, 2016. "十三五"时期江苏建设海洋强省的总体战略构想[J]. 城市 (7):10-14.

楼兰, 2014. 论南通海洋文化产业发展历程及其历史借鉴[J]. 安徽农业科学 (29):10431-10433.

卢卡其, 2015. 审美特性. 徐恒醇, 译. 北京：社会科学出版社.

陆鼎煌, 吴章文, 张巧琴, 等, 1985. 张家界国家森林公园[J]. 中南林业科技大学学报 (2).

罗成德, 1994. 旅游地貌资源的综合模糊评价[J]. 地理与地理信息科学. 10(3):45-49.

落实国家"一带一路"建设部署建设沿东陇海线经济带新闻发布会[EB/OL]. (2015-8-26)[2017-10-27]http://gjzx.jschina.com.cn/PressConference/20286/201508/t2347594.shtm.

马东跃, 何伟, 张明, 2017. 文化符号与城市旅游品牌管理研究[M], 中国环境出版社, 7.

马立强, 2015. 海洋文化旅游休闲产业竞争优势构建：产业集聚的视角[J]. 东南大学学报（哲学社会科学版）(6):84-91.

马中, 1999. 环境与资源经济学概论[M]. 高等教育出版社.

倪晓磊, 2015. 舟山智慧兴渔[J]. 经贸实践(1):63-64.

宁波市海洋经济发展规划. http://news.cnnb.com.cn/system/2007/01/26/005241019.shtm.

欧阳焱, 2018. 充分展现中国海洋文化的内在价值[J]. 人民论坛(3):140-141.

彭泽益, 1957. 中国近代手工业史资料：1840—1949. 第一卷[M]. 三联书店.

期刊社, 2016. 空间信息构筑智慧海洋[J]. 卫星应用(06):1.

祁帆, 李晴新, 朱琳, 2007. 海洋生态系统健康评价研究进展[J]. 海洋通报 26(3):97-104.

钱穆, 1994. 中国文化史导论[M]. 北京:商务印书馆.

钱伟, 陶永宏, 2016. 江苏海洋经济发展战略[J]. 中外船舶科技(3):4-7.

曲青山, 2016. 关于文化自信的几个问题[J]. 中共党史研究(9):5-13.

萨缪尔森, 1954. 公共支出的纯理论. 经济与统计评论.

沈骑. 语言能力建设是"一带一路"的基础性工作[EB/OL]. http://www.china.com.cn/opinion/theory/2017-05/08/content_40768033.htm.

司马迁, 2003. 史记·货殖列传[M]. 北京：中华书局: 3267.

苏进, 2007. 连云港市海洋开发布局研究[D]. 南京师范大学, 5.

苏联科学院国家和法研究所海洋法研究室, 1981. 现代国际海洋法——世界海洋的水域和海底制度[M]. 吴云崎, 刘楠来, 王可菊, 译. 天津人民出版社.

苏勇军, 2012. 产业转型升级背景下浙江海洋文化产业发展研究[J]. 中国发展(4):28-33.

孙根年, 孙建平, 吕艳, 等, 2004. 秦岭北坡森林公园游憩价值测评[J]. 陕西师范大学学报(自然科学版)[J], 32(1):116-120.

唐大昌, 2006. 基于CVM的洞庭湖湿地资源非使用价值评估[J]. 地域研究与开发(2):105-109.

（天启）淮安府志：卷3建置志一·巷市. 方志出版社, 2006.

王东京, 2009. 连云港海洋文化资源开发利用研究[J]. 淮海工学院学报（社会科学版）(3): 67-70.

王恩辰, 韩立民, 2015. 浅析智慧海洋牧场的概念、特征及体系架构[J]. 中国渔业经济, 33(02):11-15.

王红兰, 李平, 窦蕾, 2007. 基于层次分析法的济南市环城游憩带旅游资源的评价[J]. 青岛科技大学学报（自然科学版）, 28(3):279-282.

王辉, 王亚蓝, 2016. "一带一路"的语言研究问题："一带一路"沿线国家语言状况[J]. 语言战略研究 (2).

王建勤, 2016. "一带一路"与汉语传播：历史思考、现实机遇与战略规划[J]. 语言战略研究 (2).

王连茂, 尚新伟, 199. 香山公园森林游憩效益的经济评价[J]. 林业经济3(3):66-71.

王清智, 黄勇昌, 2003. 对语言与经济关系的研究[J]. 河南大学学报（社会科学版）(4).

王喜刚, 2015. 滨海游憩环境资源改善的经济价值评价研究[D]. 大连理工大学.

王献薄, 崔国发, 2003. 自然保护区建设与管理[M], 化学工业出版社.

王樱霏, 2018. 舟山群岛海洋渔俗文化产业发展研究[D]. 舟山：浙江海洋大学.

王颖, 阳立军, 2012. 舟山群岛海洋文化产业集群形成机理与发展模式研究[J]. 人文地理 (6): 67-70.

王智辉. 互联网+海洋="智慧海洋"[N]. 中国船舶报, 2015-07-17(4).

吴高峰, 叶芳, 2017. 海洋公共服务供给能力评价指标体系构建及实证分析[J]. 农村经济与科技, 28(7):47-50.

吴中成, 1999. 《镜花缘》与盐文化[J]. 明清小说研究 (4).

希拉里·迪可罗, 2017. 文化旅游[M]. 商务印书馆.

夏友兰, 1993. 扬州竹枝词续集[G]. 扬州：邗江古籍印刷厂:116-124.

小横香室主人, 1981. 清朝野史大观:第5册[G]. 上海：上海书店:29.

谢贤政, 马中, 2006. 应用旅行费用法评估黄山风景区游憩价值[J]. 资源科学, 3:129-130.

辛琨, 刘和忠, 丁萍, 2005. 海南省生态旅游价值估算研究[J]. 海南师范学院学报（自然科学版）, 18(1):81-83.

邢欣, 梁云, 2016. "一带一路"背景下的中亚国家语言需求[J]. 语言战略研究(2).

徐建勇. 推动海洋文化产业发展[N]. 中国社会科学报, 2018-04-09(7).

许承尧, 1937. 歙县志：卷1舆地志·风土[M]. 刻本. 旅沪同乡会.

许思文, 2010. 倡扬海洋文化 助推沿海开发[J]. 淮海工学院学报（社会科学版）(3):38-40.

许思文, 2012. 打造东部沿海山海文化名城——连云港山海文化发展战略研究之四[J]. 大陆桥视野(3):72-77.

许思文, 2012. 加快发展连云港文化产业——连云港山海文化发展战略研究之五[J]. 大陆桥视野(4):74-79.

许思文, 2016. 江苏沿海地区文化发展战略探索与思考——"一带一路"视阈下江苏沿海文化开发研究之三[J]. 港口经济(4):39-42.

许思文, 2016. 江苏沿海文化特有形态及其历史传承——"一带一路"视域下江苏沿海文化开发研究之一[J]. 港口经济(2):35-38.

许思文. 江苏沿海文化缺失及其发展战略[N]. 连云港日报, 2016-5-12.

许学工, 张茵, 2000. 加拿大的自然保护区管理[M]. 北京大学出版社.

薛达元, 1997. 生物多样性经济价值评估:长白山自然保护区案例研究[M]. 中国环境科学出版社.

杨汉奎, 1987. 论风景资源的模糊评价:以贵州省为例[J]. 自然资源学报(1):49-58.

杨建强, 崔文林, 张洪亮, 2003. 莱州湾西部海域海洋生态系统健康评价的结构功能指标法[J]. 海洋通报, 22(05):58-63.

杨敏, 2009. 日照海洋旅游竞争力研究[D], 中国海洋大学, 6.

杨永昶, 2015. 赛罕乌拉自然保护区游憩资源价值评估研究[D]. 中南林业科技大学.

叶芳, 2015. 浙江海洋公共服务供给体系构建研究[D]. 南昌大学.

尹台, 1996. 皇明增筑外城记[M]//王振忠. 明清徽商与淮扬社会变迁. 北京：三联书店:94.

余济云, 陶善军, 李俊, 2011. 茅荆坝自然保护区森林游憩资源价值评估[J]. 中南林业科技大学学报（社会科学版），5(1):83-85.

袁象, 陈智, 2015. 上海发展战略性海洋新兴产业路径研究[J]. 现代管理科学(1):112-114.

翟仁祥, 许祝华, 2010. 江苏省海洋产业结构分析及优化对策研究[J]. 淮海工学院学报（自然科学版）(1):88-91.

詹丽等, 2005. 用改进的旅行费用法评估文化旅游资源的经济价值[J]. 软科学, 19(5):94-96.

张广海, 2013. 我国滨海旅游资源开发与管理[M]. 海洋出版社.

张清俐. 语言研究 "一带一路" 沟通纽带[N]. 中国社会科学报, 2015-8-17.

张荣华, 吴秀芸, 王海江, 等, 2015. 基于大数据的智慧位置云服务研究与应用[J]. 测绘, 38(4):153-156.

张帅, 2011. 我国海洋公共服务种类及供给研究[D]. 中国海洋大学.

张茵, 蔡运龙, 2002. 基于分区的多目的地TCM模型及其在游憩资源价值评估中的应用——以九寨沟自然保护区为例[J]. 自然资源学报, 19(5):651-661.

张元, 2016. 苏北地区海洋文化产业发展模式研究[J]. 大陆桥视野(11):44.

赵鸣, 2011. 推进江苏沿海文化产业发展的政府责任与措施[J]. 淮海工学院学报（社会科学版），10(19):1-7.

赵鸣, 2013. 苏南产业转移与苏北文化环境关系研究[J]. 淮海工学院学报（社会科学版）(16):137-140.

赵鸣, 2016. "一带一路"背景下江苏文化企业拓展市场及扩大交流机制研究[J]. 连云港师范高等专科学校学报(4):1-7.

赵鸣, 刘增涛, 2016. 旅游产业如何对接"一带一路"[J]. 群众(3):26-27.

赵鸣, 袁亚南, 孟绍友, 2010. 江苏沿海文化产业开发与政府公共财政政策研究[J]. 淮海工学院学报（社会科学版），9(9):1-7.

赵鸣, 张锐戡, 刘丽蓉, 2013. 文化强国语境下的江苏沿海区域文化产业现状与发展研究[J]. 山东社科研究(5):40-47.

赵鸣, 张锐戡, 2009. 连云港市文化产业现状与发展研究[J]. 艺术百家(7):12-19.

赵世举, 2015. "一带一路"建设的语言需求及服务对策[J]. 云南师范大学学报(4).

周殿生, 靳焱, 2013. 第二语言学习动机的经济学因素[J]. 新疆师范大学学报（哲学社会科学版）(1):42-49.

周伟, 万昶宏, 2017. 海洋公共服务供给水平探微——基于海南省渔民视角的调查分析[J]. 中共福建省委党校学报(7):70-77.

朱正海, 2001. 盐商与扬州[M]. 南京：江苏古籍出版社:19.

朱正海著, 2005. 扬州名园[M], 扬州:广陵书社:482.

诸惠华, 蒯大申, 2016. 南汇海洋文化研究[M]. 上海人民出版社.

BATEMAN, IAN, 1991. Placing Money Values on the Unpriced Benefits of Forestry [J]. Quarterly Journal of Forestry, 85(3):152-165.

BHAT G, BERGSTROM J, TEASLEY R J, et al., 1998. An Ecoregional Approach to the Economic Valuation of Land- and Water-Based Recreation in the United States[J]. Environmental Managemen, 22(1):69-77.

BUCHANAN J M, 1965. An Economic Theory of Clubs [J]. Economica (New Series), 32(125):1-14.

FURUMOTO M A, 1997. Foreign Language Planning in U. S. Higher Education: The Case of a Graduate Business Program [J]. Working Papers in Educational Linguistics, 12:29-42.

JOHN V KRUTILLA, 1967. Conservation Reconsidered [J]. The American Economic Review, 57(4): 777-786.

JOHN V KRUTILLA, ANTHONY C FISHER, 1975. The Economics of Natural Environments: Studies in the Valuation of Commodity and Amenity Resources [M]. Washington D. C. : Resources for the Future.

VOGHT, GEOFFREY M. Ed. Proceedings of the EMU Conference on Foreign Languages for Business.

XU F L, LAM K C, ZHAO Z Y, et al., 2004. Marine coastal ecosystem health assessment: A case study of the Tolo Harbour, Hong Kong, China[J]. Ecological Modelling, 4(173):355-370.